你只是假装很努力

肖卓 著

everyone
STRIVE

中国友谊出版公司

真正的努力，不是比谁把自己虐得更惨，不是比谁花的时间更多，不是比谁进行的项目更多，而是找到合适的方法，抛下杂念，全身心地投入去做一件事情，多思考，多总结。

我们只有挥刀斩断自己体内生根发芽的懒惰，专注于自己喜欢的事情，持续恒久地坚持，发现更大的世界，才能像英雄一样发出耀眼的光辉。一件事，一辈子，专注得极致，注定伟大。

不争，不抢，也有属于你的世界

目录

CONTENTS

Part 1 你只是假装很努力

001

Part 2 对自己狠一点，离梦想近一点

Part 3 永不停步，只为遇见更好的未来

Part 4 努力，才是你的全世界

Part 5 感情的事，年轻的你无须伪装

You're just pretending to be very hard

Part 1

你只是假装很努力

你只是假装很努力

我在偏僻的农村长大，出发去县城高中读书的那一天母亲告诉我：加油，孩子，这是你改变命运唯一的机会。于是我勒了勒背上书包的肩带，心里暗暗发誓要努力。到了县城花花绿绿的世界，来自农村、家庭条件很差的我，总是感觉自己低人一等。我知道要改变自己的自卑心理，只有通过努力读书来找回自信。

刚刚进入高中时，我自己仿佛打了鸡血一般，每天早上赶紧吃完早餐，第一个冲到教室，中午不休息，晚自习也是很晚才离开教室。那时候课桌被我刻意堆满一大摞书，像是“围城”一样，我把头埋在“围城”里面学习，不管外面的世界发生了什么。可是尽管这样，我的成绩还是很差，经常在中下游徘徊。

老师和我说，没事，你已经很努力了，只是运气不好而已。当时的我也是这样觉得：我已经很努力了，只是命运不公而已。后来一个新的学期，班上来了一个新的生物老师，讲课生动活泼，上的课程内容是我非常感兴趣的。课上我会用心思考问题，课后我会带着问题去找答案。生物课我并没有像别的课程那样花很多心思，只是跟着老师思路走，多思考了一下。后来，生物课我竟然考了全班第一，还拿了生物竞赛三等奖。

直到那一刻，我才知道，我之前只是在一直假装努力而已。我很早跑到教室，可是，我根本没有清醒，背诵的课文和英语单词像念经一样，总是记不住。

别人在用心背书的时候，我总是在想着我怎么背不上，怎么这么难背，想着其他无关的事情。上课的时候也是这样，老师在上面讲课，我在下面低头写作业，干着其他的事情。我每天假装拼命学习，心里想着我不能对不起父母，我要在学习上超过别人，却很少真正想和学习有关的事情，最后把自己给感动了。

假装努力从而感动自己是非常可怕的事情，它比不努力还要可怕，因为它让别人连去唤醒你、启发你的机会都没有！

海是之前和我一起合租房子的室友，他同时运转着 4 个公司，忙得一个人几乎要掰成 4 个人用。每天我是晚上 10 点左右睡，他是每天晚上 12 点多到家。有一次半夜醒来，我看他还没有回来，我打电话给他，他说他正在开会，要凌晨 3 点钟才回家。

刚刚认识那会儿，这么努力的一个人，把我给震撼到了。有一天晚上刚好路过他公司楼下，于是我打电话给他，他正在公司加班，要我去他公司坐坐。于是我跑到他公司，发现他正在打电脑游戏。原来他每天那么忙的假象是：不管有事没事，一定要熬那么晚回家。

我开他玩笑，说：“大老板，同时开 4 个公司，钞票大把大把地赚噢！”

他却唉声叹气，面露难色说：“唉，穷逼一个，4 个公司都是鸡肋，每年都要亏钱，放弃又舍不得。”

我看他穿的衣服、鞋子和平时买的东西，都是廉价的，也恰好印证了他说的话。后来，他因为资金有限，不得不关闭了其中 3 个公司。于是，他就集中精力经营一个公司。熬了半年后，那个公司慢慢扭亏为盈，年底每个员工居然还发了不菲的年终奖。他也没有那么忙了，留给了自己更多的时间来思考公司的未来发展方向，公司也越做越好了。假装努力没有收获，就好比每个人家里都有一块地，地里埋着很多萝卜让我们挖。别人都是掘地十米，去挖萝卜，但是有的人只掘了一米，就把萝卜硬生生给扯出来了。别人继续挖的时候，他就转而去挖别的萝卜去了。后来，他挖了一大堆萝卜，地上满是坑，而别人只挖出来几个。

于是他因为自己挖萝卜的努力而感动得泪流满面，而此时的他并没有发现，别人的萝卜都是完整的，而他的萝卜全部是一大半截断在地里。更惨的是，别人的坑有十米，几年的发展后已经俨然变成了一口井，可以源源不断地从里面汲取水分，而他的坑都太浅了，就只是一堆坑而已。你每天晚上读一下世界名著，看起来很努力，可是你一边读书一边刷微博、微信，看进去的章节马上就忘记了，于是你读了和没读没有任何区别。你每天早上去公园跑步，看起来很努力，可是没多久后你就感觉呼吸困难，跑到你刚刚消耗完糖类还没有开始燃烧脂肪就不跑了，于是你每天跑步，却没有减掉任何脂肪。你每天在公司熬夜加班，看起来很努力，可是你每天都是无限次地重复这些程序，从来没有想过去改良这些程序，于是十几年后你还在重复这些程序，没有得到任何改变和提升。真正的努力，不是比谁把自己虐得更惨，不是比谁花的时间更多，不是比谁进行的项目更多，而是找到合适的方法，抛下杂念，全身心地投入去做一件事情，多思考，多总结。

骗别人很容易，骗自己更容易，但是要骗这个世界真的有点难，你所亏欠的终有一天会连本带利还回来。

你为什么一定要在乎别人的看法?

班上的一个学生小柳，经常闷闷不乐。她在寝室睡觉的时候，同学在打牌，她不敢提出要她们出去打，而只是自己生闷气。忍了一个朋友的缺点很久，提出来后又愧疚得胡思乱想：“她会不会疏远我？会不会不高兴？”和别人说话总是要想很多遍，怕戳到别人不高兴的地方。别人拿自己的缺点开玩笑，明明自己心里不舒服也不敢说出来。和朋友出去吃饭，快吃饱了，发现碗里面有头发丝，朋友要服务员换一碗，她却说算了，懦弱到连正当的维权都不敢。

我在一次学术交流会上认识了老潘，老潘不到 30 岁的年纪就已经迈入成功人士的行列，满脸春风得意，做事成熟稳重，谈吐引经据典，俨然成了全场焦点人物。会后席间，我刚好和老潘坐到一起。聊开后，老潘突然和我说：“老肖，告诉你一个小秘密。我之前是一个有轻度自闭症、抑郁症的人。”我惊奇地睁大了眼睛：“不会吧，你？”他喝了一口茶，继续说：“是真的，我以前每干一件事情都想看别人的脸色，在意别人的看法，导致每件事情都做不好，自己感到自卑、失败，又不想和别人交流。后来读了很多名人自传，看了很多历史书，深入了解了中外历史政治，阅读了大量书籍，游遍了各大名胜古迹,之后自己的性格就完全改变了。我想,人生苦短，人活着一辈子就是为了自己。只要自己想做的事情不违背道德和法律，就应该义无反顾地去做，直到很好地完成它！”

我们活在世上每做一件事情，注定要听到很多声音。你喝水吧唧嘴，有人说你声音讨厌。你埋头读书，有人说你是书呆子。你穿短裤出门，有人说你女孩子露出白花花大腿不要脸。你 26 岁没有男朋友，别人说你这辈子嫁不出去了。你买奢侈品，别人说你拜金主义，不如把钱捐给慈善机构。你在朋友圈晒旅游照片，别人说你装。你凭借自己的努力工作晋升职务，别人说你睡了领导……有的人被无数个“别人”打败了，活在自己的自卑壳子里。还有的人对无数个“别人”大吐一口唾沫，去你大爷的！

除了爱你的人，不要太在乎别人的意见。无论他是长辈、领导还是同学。如果你喜欢做别人眼中的人的话，那么我告诉你这种人有一个光鲜靓丽的名字：奴才。

王小波说过：“人的一切痛苦，本质上都是对自己无能的愤怒。”你为什么痛苦？因为你无能，因为你弱小，因为你太在乎别人，因为你怕得罪别人。你的生命分明应当由自己当主演，可你却渐渐演成了配角。你太在乎不相干的事，不相干的人，而没有让自己变得强大，这就是你不快乐的原因！

三毛说过："我们不肯探索自己本身的价值，我们过分看重他人在自己生命里的参与。于是，孤独不再美好，失去了他人，我们惶惑不安。"所以，从明天起，请真正爱自己，而不是纵容自己！刻苦读书，锻炼身体，努力工作，不要在意周遭对你做了什么，关键是你自己在做什么。把自己的根深深扎进土地，日后定会枝叶繁茂！

人的生命是有限的，所以不要为了别人而活，不要被世俗教条所限制，不要活在别人的期望里，不要让别人的意见左右你自己内心的声音。最重要的是，勇敢地去追随自己的灵魂和直觉，只有自己的灵魂和直觉才会告诉你自己真实的想法，其他一切都是浮云。

勇敢地去追随自己的灵魂和直觉，只有自己的灵魂和直觉才会告诉你自己真实的想法，其他一切都是浮云。

平庸，从你放弃卓越那一刻开始

南昌回长沙，路过以前的公司楼下。肚中饥饿难忍，溜进附近一家面馆。还没有落座，老板娘就朝厨房喊：“轻挑面一碗，不要辣椒！”

我大惊：“我还没有点单，你怎么知道我要轻挑面不加辣啊？”

老板娘朝我笑眯眯地说：“难道不是吗？”

我说：“是的。我都快一年没有来过了，你还记得，记忆力真好！”

老板娘边擦着桌子，边说：“来我店子吃过两次以上的，我都记得住。混口饭吃嘛！”

一次和几个朋友一起吃饭，席间有一个在民政局工作的人，几句寒暄之后就聊开了。民政局那人忽然问我姓什么，家里是哪个市的。我如实告知。他问我是不是某某县，某某镇的。天呐，居然猜对了!

我说:“大师，请收下我的膝盖!你是不是算命的?还收徒弟不?”

“大师”怡然一笑，说:“算命那都是骗人的。我只不过是根据你这个市的姓氏分布和你的口音辨别出来的。”

一个市有几百个姓氏，然后有十几个县，那么多镇。他都可以了然于胸，真是奇人!后来听朋友介绍说他是民政局的明星人物，不仅业务熟练还知识渊博，很多领导都喜欢他。体制内还有这样的高人，真是不可思议!面馆的老板娘和民政局的人，都在现实生活中一个普通的岗位上。但是他们不甘于平庸，在自己的岗位上展现出非凡的技艺。可是在熙熙攘攘的人群中，像这样的人又有几个呢?我们大部分都是平平庸庸、碌碌无为之人。我们总以这样或那样的借口敷衍自己，局限在自己的精神世界里面，然后安慰自己说平凡可贵。其实你就是平庸，只是你不愿意承认罢了!

看过很多动漫电影，我只钟爱宫崎骏的。如果你看过他的手稿，你就知道他是如何拒绝平庸，打磨电影里的每一个细节的。印象最深的是《借东西的小人》，妈妈的厨房用具非常精致，爸爸从人类那里偷来胶布、螺丝刀、灯泡、纽扣等，这些数不清的细微之处，让你感动不已。只有对生命充满敬畏并时刻追求卓越的人，才能雕琢出如此令人动容的作品!

我以前的公司，招聘了一个前台，她每天无所事事，主要就是接几个电话，然后在电脑上面逛网店。老板看到她如此不尽如人意的表现，就把她辞退了。临走的时候，她说："我只是一个前台啊，不就是接几个电话吗？根本没有什么事啊。"后来又招聘了一个小姑娘做前台，公司全体上下都比较忙，就没有管她。

上班第一天她就自己制作了一个登记表，记录每天出入的人员和来往电话。然后建立了一个完整的前台岗位体系和流程，整整有几十页纸。整理了公司的快递单、出差人员的车票、住宿票据等，并且做出来了详细的电子表格和台账数据资料。根据这些数据，做出了一份详细的分析报告。不到5天的时间，她就对公司的运作流程和核心技术知识轻车熟路。

以上的这些我们都没有安排她，都是她自己主动去学习和做的。所有的人都对她赞不绝口，她现在已经成了独当一面的部门经理。一个前台的职位，两个人的表现差别却如此巨大。人与人的区别不是外表，而是内心。从你内心接受平庸的那一刻开始，你的行为、你的状态也跟着平庸。接受平庸比追求卓越要轻松多了！付出少量的体力，花费少量的脑力，过安定的生活，听起来就令人心神向往。当你内心放弃卓越的那一刻，平庸就追赶而来，然后在你身上播种、生根、发芽、枝繁叶茂。很多年轻人，二十几岁的年纪，纵情于短暂的物质愉悦，没有长者洞明世事的睿智，失去了幼年天然无邪的清澈，学不会步步策谋心机爆表，又不敢勇往直前无所畏惧，那还拼什么？

罗兰说："只有一种英雄主义，就是在认清生活真相之后依然热爱生活。”我们只有挥刀斩断自己体内生根发芽的懒惰，专注于自己喜欢的事情，持续恒久地坚持，发现更大的世界，才能像英雄一样发出耀眼的光辉。一件事，一辈子，专注得极致，注定伟大。

你的努力，不在朋友圈

小木是我在公司业务往来中接触过的一个业务员。加他微信后，每天晚上 10 点会准时收到他的鸡血短文。今天是“失败不是致命的，放弃努力才是致命的”，明天是“成为更好的自己，越努力，越幸运”。每天晚上准时都会收到，整整持续了三年。他的朋友圈都是非常积极、正能量的画面，看书、运动、跑步、加班各种晒。可是我最近一段时间没有收到他的鸡血文，反而不习惯。只看到他在朋友圈分享了几篇工具、技术之类的文章。于是我在微信上问他：“小木，最近怎么不发励志短语给我了？是不是失恋了？”

过了好久小木回答：“桌子哥，我之前听了一场职业生涯讲座，我听了那个专家的，现在专门研究公司的核心技术和运营管理。也买了很多技术方面的书籍，看不懂的地方就请教公司的大牛，根本没有时间去发那些东西了。老板看到我的实质表现，要升我做部门经理，现在每天都要学习很多东西，还要完成很多工作任务，也没有心思理会朋友圈了！”

记得一个段子。老外问一个中国人：“你们中国人的手机真发达，是不是还可以对食物进行扫描杀毒？”

中国人回答：“那不是杀毒，那是拍照。”每道菜开吃之前必拍，留下美好的纪念，是中国人的传统。

自微信流行以来，各种乱象丛生。晒豪、晒养生、晒鸡汤、晒幸福、晒努力等，“百家争鸣”“大放异彩”。

别的暂且先搁置，晒努力的确实贻害不浅。小明晒完朋友圈说：“身体和灵魂总有一个在路上，明天开始就要跑步锻炼了哦！”然后配上新买的跑步鞋和跑步服装图片。结果第二天他并没有去跑步，跑步鞋和跑步服还静静地躺在衣柜里。小张发朋友圈说：“读书就是与伟大人物的灵魂对话，今晚我就要开始对话了哦，你们都不要打扰我。”然后配上新买的书籍封面图片。结果朋友一个电话打来，撸串到凌晨两点才回。书后来一直都放在那里，塑料包装都没有拆，落满了灰尘。小李发朋友圈说：“一白遮百丑，一胖毁所有。从现在开始我就要减肥了，大家都来监督我。”然后配上几张瘦的美女图片。结果母亲刚好从厨房端来一盘鸡腿，又吃得满嘴流油。

小明、小李、小张就是现实社会你、我、他的一个缩影。旅游前先晒机票，吃饭前先晒菜品，跑步前先晒装备，读书前先晒封面，坐车前先晒方向盘，过节前先晒红包，看表演直播小视频。

真正内心缺失什么才会出来晒什么，你要通过刷朋友圈这个过程来刷你的存在感，感觉是不是太 low ？有一种生活叫朋友圈生活，有一种努力叫朋友圈努力，有一种感动叫在朋友圈感动，然后被自己感动。在朋友圈你装逼，我放心，但是在朋友圈你努力，我着实不放心啊。你取得一点小小成绩，就忍不住发到朋友圈。期待你的朋友们一起见证，一起分享你的成就。有鼓励的，有点赞的，有鞭策的，但是更多的是嘲讽和冷漠。然后你一条条回复，一个个查看别人给你点的赞。然后你绞尽脑汁想象怎么回复才能让别人看到你的真诚和友好。但是你还是每次都心情不好，为别人的小小反应而耿耿于怀。为难了别人还作践了自己，何必呢？

你发一个化好妆出门参加会议的照片在朋友圈，你朋友会说：“你是不是缺爱了，又要去钓凯子？”你发一个学习的照片在朋友圈，你朋友会说：“喂，110 吗？这里有人装逼，场面已经控制不住了。”你发一个准备减肥的照片在朋友圈，你朋友会说：“天呐，腿竟然比大象腿还粗！”你准备努力了，你先发一个朋友圈，会有很多你的朋友想尽段子来嘲讽和挖苦你。为什么？因为你的朋友和你非常熟悉，成长经历类似。你的努力容易给人一种反面参照，如同一面镜子，照出了他们自身的不努力或者努力了也没有结果的现实。为了平衡这种心理落差，他们会本能地来打击你。

记得一个朋友说过的一个真实故事。说是一个单位里，有一个人考博士，连续三年没有考上，成绩公布了，单位同事知道了结果还是会来问：你考上博士了吗？没有？明年继续努力哦！第四年终于考上了，成绩公布了，却没有一个人来问他了。看到了吗？这就是人性。你考上了，没有笑话可以看了，自然没有人来问你了！天不言自高，海不言自深，地不言自厚，冬不言自寒。俗话说得好：“有花自然香，何必多张扬？”

空谈误国，实干兴邦。像小木一样，坚持三年在朋友圈努力，不如坚持一个月在现实中默默努力。真正的努力，从来都是闷声发大财的，好吗！认认真真地去过自己的生活，比你在朋友圈努力真的要好太多！

当你需要埋头播种插秧的时候，却误入了农民伯伯的金黄色田野。被眼前的美景所征服，你就以为你自己已经收获了整个秋季。这才是最大的作死！

你活得像被驯养的动物

（1）

一个长者和一群熊孩子的故事。长者每天中午都要午休，可是最近来了一群熊孩子，总是在小区吵闹，闹得他睡不着，赶也赶不走，每天中午还是按时来，玩得欢，闹得大。于是长者终于苦思冥想出一个主意。

中午熊孩子来了，照例动静闹得很大。长者从家里拿出一大捧糖果，分给熊孩子们，说："你们继续闹噢，闹得越大，糖果越多噢！"于是孩子们开心极了，越闹越大。

第二天，熊孩子们继续来了，长者还是给他们糖果，只是比上一次少了一点。熊孩子们虽然有点不开心，但还是继续闹，只是没有上次那么大。

第三天，熊孩子们来了。长者的糖果更少，熊孩子闹的动静更小了一些。

如此重复几天，最后糖果少得可怜，最后熊孩子们再也不来小区了，长者终于可以安心睡午觉了！

本来熊孩子们的玩耍，属于他们自己的天性。长者给他们套上了一个规则，熊孩子的玩耍就和给的糖果有关了，于是熊孩子走入了被人设计的圈套，最后他们的价值取决于糖果给得多少。

（2）

我们生活中类似这样的情况，普遍存在。明子是我的一个朋友，毕业几年后一直混得不好。有一次一起吃饭的时候，明子问我："桌子，你写一份文案需要多久？"

我说："查资料，整理思路，起码得一天吧。"

他哈哈大笑："我只要半小时，你信不信？"

我非常惊奇："那你可以确保你文案的质量吗？你怎么做到的？"

他说："网上复制、粘贴啊，快得很，质量就不保证啦！"

我说："那你何必呢？质量不好，砸了自己的饭碗。"

他说："我就要对得起老板给我那份钱，那点钱还想要高质量的文案吗？"

我继续问他："那你现在的写作水平怎么样？下降了没有？"

他不屑道："下降得厉害，很多词汇都不记得了。现在出去找工作，恐怕没人要了。"

我终于知道明子为什么混得那么差了。因为老板给的钱少，所以他干活不卖力。老板看他干活不卖力，给的钱更少。于是明子走入了恶性循环，越混越差。其实员工的价值不在于老板给了你多少钱，而在于你创造了多少价值，你的能力有没有通过一件件事情来得到提升！

我们不妨反着走一下。老板给的钱只有那么一点，但是明子做了更好的文案，比老板给的工资更值。于是老板给了更多的钱，明子又干得更好，逐渐进入了一个良性的循环。这样多好啊！

明子本来是一个才华横溢的人，却自甘堕落走入一个死胡同。为什么一定要和老板给的工资死磕呢？

重要的不是老板给的工资，而是你有没有成长，有没有成就更好的自己呀！其实很简单的道理，很多人就是不懂。

（3）

爱情中，很多人也是走入这样的死胡同。记得一句很流行的名言：“你若不离不弃，我必生死相依！”

为什么一定要别人先不离不弃，你才生死相依呢？这是完全错误的价值观，你的行为完全被你所爱的人控制。

你爱不爱他，难道要取决于别人怎么对你？你爱他是因为他身上的某种特质吸引了你，不是因为他对你不离不弃，你才爱他的啊。

你对我好，我对你一般好。你对我一般好，我对你更一般好。你打一个电话给我，我也只打一个电话给你。如此反复，直至感情破裂。计较太多，反而会失去太多！这样的人永远找不到真正的爱情。还记得动物园是怎么驯养动物的吗？就是给食物。

动物表现得好坏，取决于驯养员食物给得多少。而我们很多人，渐渐活成了被驯养的动物。你给多少钱，我就办多少钱的事。

你付出多少感情，我就付出多少。我们的价值就是取决于别人怎么对你。

这个世界上，没有任何事情比保持自己的天性、取悦自己的内心更重要！面朝大海，不期待春暖花开！

(4)

一个故事：一只蝎子掉入了水中，禅师去救蝎子，被蝎子蜇了一口。于是徒弟为禅师鸣不平。

禅师说：蝎子蜇人是它的天性，我救蝎子是我的天性，我不能因为蝎子的天性而放弃我的天性啊。

一言以蔽之！你对知识渴望是你的天性，不能因为短期内没有看到回报而放弃自己的天性。你善待万物是你的天性，不能因为别人罪恶对你而放弃自己的天性。你保持良好教养是你的天性，不能因为别人粗俗对你而放弃自己的天性……你是完整的独立思考、独立行为的个体，你的价值来自于你的内在能量。你的价值不在于这个世界怎么对你，而是不管这个世界怎么对你，你依然敬畏生命，你依然热爱这个世界！

这个世界上，没有任何事情比保持自己的天性、取悦自己的内心更重要！面朝大海，不期待春暖花开！

为什么喝了那么多鸡汤但仍然过不好这一生？

微信朋友圈自兴起以来，逐渐成为两大神秘江湖门派：养生派和鸡汤派的角逐之地。养生派今天先放一放，首先我们来“开撕”鸡汤派。

我们每个人都渴望成功，而成功又不是那么简单的，于是心灵鸡汤就有了市场地位。鸡汤文往往符合以下逻辑：只要你意念一想，心灵一动，世界仿佛就在你的掌心。无论什么能力、资源、阅历，统统都不是限制。它也不会教你具体方法和实用的东西。至于鸡汤的疗效，也许能带来短暂的心理安慰，但是三分钟热血之后，世界还是那个冰凉的世界，你还是原来的你。

我有一段时间工作繁忙，需要经常出差。事情一忙起来，就和老婆联系得非常少了，她发的微信也要很久才能回复。后来出差结束前打了一个电话给她，她明显口气没有那么亲密，甚至于闹了一些矛盾。挂了电话后，打开朋友圈看到她分享了一篇鸡汤文《找一个秒回信息的人过一生》，文章的主题思想是一个人喜欢你的程度和回你信息的速度成正比。你妹啊，干脆不要工作光回信息好不好？尤其是陪重要的客户吃饭，手机服务员全部都要收上去的，好不好？真实的原因是：他没有秒回信息可能他真的在忙，或者是需要自由的时间。他的世界不可能只有你，你也不需要一直围着他转啊。

举几个毒鸡汤例子：读高中时被班主任毒了三年的鸡汤："上了大学你们就轻松了！"可是轻松吗？学习专业的压力,找工作的压力，还有情感生活的压力，样样不轻松！"无论你有多么喜欢对方，爱情中主动的必须是男人。如果这个男人不主动，宁愿错过。"我会告诉你我一个朋友听信了这句话单身了三十几年，现在年纪大了也找不到男朋友吗？喜欢他就去找他啊，哪有那么多的小九九！"男生，你喜欢她就勇敢去表白！"读大学时我一个同学因为听信了这句话，向全班女生和隔壁班女生都表白完了。结果他整个大学都是单身度过。名声已经臭了啊，亲！"真正爱你的人不会离开你"，你天天作一下试试，看看你男朋友会不会离开你！"如果你喜欢一个人，你就放他走，如果他回来了，那就是你的，如果他不回来，那就注定不是你的。"还有最近写林心如和霍建华爱情的"你要等，属于你的总会来，就算迟一点也没关系"。如果你信奉上面两种观念，那就做好等到八十岁找到真爱的准备吧。凭什么想要的要放他走或者必须等？有多少爱情是被毒鸡汤活活拆散或耽误的！

为什么明显有毒的鸡汤，那么多人不辨真假，一饮而尽？思索良久，直到有一次和一个前辈聊天才得到答案。我去到他公司找他谈论一个事情，他正在给员工分享成功经验。我听了开头，便知道这是大家都喜闻乐见的励志故事。从基层的天天外面跑的业务员，半年内做到主管，一年内做到部门经理，三年内做到总经理。台下的人很认真听着，像虔诚的信徒，个个像是打了鸡血。等他讲完，我们去吃饭的时候他才敞开心扉和我聊了很多。原来他在分享的时候，只讲了五分之二，还有五分之三没有讲。他说他在做基层业务员的时候，一年只回老家一次，从来没有去旅游过。业余时间都是在陪客户，跑业务，写文案，整合资源。因为他长期陪酒，很多次胃出血，得了严重的胃病。长期跑业务开车，得了痔疮和腰椎间盘突出。经常写策划写到凌晨三四点，困了就用绣花针刺大腿、洗冷水脸，可以清醒一段时间，有时候干脆睡在公司。父亲脑出血去世时他在酒桌上谈笑风生，老婆怀孕生小孩时他在竞标重大项目。就在刚刚他和员工分享成功经验的时候，他因为胃痛才从医院打完点滴，手臂上还有密密麻麻的针孔。就是因为他付出了这些惨痛的代价，才有今天的成功！分享成功经验的人，他们分享的并不是他们成功的全部原因。就像是冰山理论，你永远只能看到冰山的一角，而看不到它的大部分真相。成功者不会把努力的全部过程和细节都告诉你，因为那些东西太阴暗、太痛苦了。

因为某些原因，他也不能四处宣扬自己的痛苦，一遍一遍地揭开自己的伤疤。你看到的这些可以放到台面上的自信和励志鸡汤故事只是一部分，那些不为人知，躲在阴暗角落的惨痛付出，才是他真正成功的原因。真实的人性就是即使告诉你这些血淋淋的丑陋的现实你也不愿意相信，你情愿相信那些被糖衣包裹的励志毒鸡汤。

鸡汤文说“天才是百分之九十九的汗水，加百分之一的灵感”，好像只要你肯努力，人人都是天才。但是你知道后半句是什么吗？“但是那百分之一的灵感是最重要的，甚至比那百分之九十九的汗水都要重要。”孔子说以德报怨，但是你知道他的原话是什么吗？别人以德来待你，你需要以德来回报别人，别人以怨来待你，那你必须回报怨给别人。以德报怨，何以报德！种种事实告诉我们，你喝到的那碗鸡汤都是被人剩下的馊鸡汤或者毒鸡汤！如今社会流行的所谓心灵鸡汤，其实就是成功者把心灵鸡腿、心灵鸡肉都吃光后，留下来的鸡骨头熬成的汤留给你的！

有人说：我们把性格交给星座，把心事交给树洞，把好运交给锦鲤，把成功交给鸡汤。然后对自己说：“听了许多道理，但是依然过不好这一生。”你这碗鸡汤还是馊鸡汤，你怎么可能过好这一生呢？如果你想要喝鸡汤，请你保留独立思考的能力，和“去其糟粕，取其精华”的删选能力，自己亲手熬制一碗有鸡腿有鸡肉属于自己的原生鸡汤，而不是去直接用“拿来主义”饮用别人留下来的馊鸡汤，好吗？

除了努力，还能拼什么?

凌晨 12 点半，我的手机一个显示未知的电话打了进来。睡梦中的我迷迷糊糊接通电话，电话那端传来兴奋的声音，充满整个卧室。

“桌子，猜猜我在哪里?”原来是果子用 skype 打给我的国际长途。

“你在马尼拉吧?”记得两个月前他还在菲律宾。

“No，我在美国迈阿密，全球 70% 世界级邮轮聚集地。跟着邮轮将要去奥乔里奥斯、大开曼岛、科苏梅尔。”

我说:“你真好，过上了我渴望的生活，我们曾经的美国梦，你实现了，可我还留在长沙。”

果子大学毕业后就去了新加坡，现在已经是美国一家世界五百强企业的区域运营经理，跟着公司的全球化战略发展，满世界飞。我知道果子今天全身散发光芒的生活，都是他拼来的，他值得拥有这么好的生活。

果子是我高中时期睡在我上铺的兄弟，家境贫寒，为了上完高二，果子的妈妈把自己的耳环和戒指都典当掉了。他怕同学笑话，只敢私下和我一起去食堂吃饭。我每天都是两荤一素，而他仅仅是“冬南海”（冬瓜、南瓜、海带）其中一个，夹肉给他，他也不要，有时候甚至要我打五毛钱饭给他，拌点“老干妈”就是午餐，悄悄躲起来吃掉。没有洗发水和沐浴露，通通是一块两元的“纳爱斯”解决问题。十五块钱的橡胶鞋，要穿到鞋子磨破，一年四季都是两套校服轮换。听说他母亲身体不好，家里经常贫困到跑去菜市场捡烂叶子炒菜过生活。记得有一次去图书馆借书的时候，他借的书是英语原著《麦田的守望者》，我借的书是《夏至未》。我说英语原著我看不懂，他说你可以查字典啊。果子的课后笔记做得密密麻麻，重要的地方用红线勾出来。他不是班上最聪明的，却是最努力的。常常午夜蒙着被子打着手电看书，不懂的问题肯定缠着老师打破砂锅问到底。那年高三，我们相约大学时一定要去北京一起看奥运会。他考上了北京的大学，走了助学贷款完成学业，而我留在了长沙，从此我们的轨迹开始不同。

奥运会开幕式那天，他打电话兴奋地告诉我在奥运会上看到了李宁，而我当时在长沙的同学聚会上喝得烂醉如泥。汶川地震那年我打电话给他，他说北京被大水淹，水淹没到膝盖，正穿着拖鞋卷着裤管去图书馆看书，准备考清华大学的研究生。长沙雪灾的时候，我打电话问他回家没有，他悄悄说，他在图书馆看书，回宿舍再联系，那时候明明晚上 12 点了。暑假期间当我还在街上游荡的时候，他悄悄背上了行李准备去印度尼西亚泗水华文支教。中国像果子这样的寒门学子通过自己的努力跃过“农门”的人，数不胜数。

近日看到网络上很多关于寒门的文章，说什么寒门再无贵子，考上名校也去不掉你的阶级痕迹，要远离穷人。于是很多出身贫寒的学生开始堕落，不再努力，反正努力了也白搭，不如没有期望就没有失望。百分之八十的财富始终掌握在百分之二十的人手里，抢也抢不到。穷人就是穷人，再努力也不可能改变命运。我特别讨厌那些所谓的社会精英，在他们成功游过这条河之后，就告诉即将下水的年轻人：你不要下水，你会被淹死，你的游泳没有意义，你就算再快也比不过人家开快艇过河的。

曾经看到很多寒门学子，因为追求时尚而找高利贷买苹果手机，因无法还款最后被高利贷找到学校，逼得父母卖掉养家的牲口还钱。看到因打架斗殴被学校开除的寒门学子，母亲痛哭流涕跪在校长办公室外面求情。越来越多的寒门学子因为看不到努力的意义，而丢掉了最初的梦想，放弃了努力，开始迷茫，开始放纵。这样的现象让人很寒心。

曾经一个学生问我：“肖老师，A 同学他爸爸是公司老板，一年赚几千万。我们寒门学子毕业工资只有两三千，是不是干到死都不可能超过 A？”

我说："是的，你很难超越他。但是不能超越他就代表你可以不努力吗？人生像是一场接力赛，你如果不努力，你的儿子更加不可能超过 A 的儿子。"

大麻哈鱼溯回故乡（出生地）产卵的时候，在江河中逆流而上，往往会遇到很多高落差的水流，如瀑布。这时，大麻哈鱼会跳过去，因为盲目跳跃会受到各种各样的伤害，路上还会遇到类似熊这样的动物捕杀，能够活着游回到产卵地的非常少。即使有幸游到产卵地的鱼，在产完卵后也会迅速死去。但是大麻哈鱼没有因为死亡而停止逆水游回故乡，它们每年一度开始一次次溯回故乡。这是它们的宿命。鱼类都可以这样，更何况人呢？你有什么理由放弃努力？你有什么理由放弃改变命运的机会？努力是你唯一的宿命！

没有伞的孩子，只能学会努力奔跑。当你放弃努力，钟情于网络游戏的时候，罗纳尔多打着赤脚在巴西贫民窟反复练习踢球射门。当你感觉迷茫，深夜流连于朋友圈的时候，俞敏洪挑着两麻袋行李坐着火车从农村赶到北大报到。当你感情受挫，烂醉于朋友间聚会的时候，王宝强离开嵩山少林寺辗转各大剧组跑着龙套。大麻哈鱼为了活下去，只有不停地逆流，不停地跳跃。寒门学子本来手中握有的筹码就少，如果还放弃努力，那么留下来的道路将会暗无天日。

回到题目：寒门学子，除了努力还能拼什么？

答：除了努力，别无他物！

保持内心的光，不知谁会借此走出黑暗

（1）

沐风是我在一次聚会上认识的学长，他高我两届。见他时，他正和一个老外用英语聊得火热，一口纯正的伦敦腔让我在旁边听得心神陶醉，羡慕得要死。了解后，我才知道他就是我们系里面宣传栏的那个就业明星，导师提起他就赞不绝口。普通大学毕业的他手下管理的都是清华北大毕业出来的人。聚会散场的时候，我们走向酒店大厅，大厅有一架钢琴，是给客人休闲娱乐的。我们刚好正在等一个人，沐风就径直走向钢琴，竟然一下子弹出了世界名曲《梦中的婚礼》，美妙的熟悉旋律在大厅飘荡。出于是校友的关系，我们一下子就拉近了关系，私下走动便多了起来。我每次见他，他都是

精神抖擞，发型整洁，鞋子和衣服一尘不染。

有次他问我：“桌子，你知道一件好的衬衫哪里最贵吗？”

我说：“难道是衣领？”

他说：“错了，是袖扣。一件衬衫就像是一个人的脸面，必须保证它的干净、整洁。你要爱护你的脸面就不可能不注意细节吧，而一件好的衬衫会在袖扣上体现，它也肯定是耗费最多的。”

沐风说：“你别看我现在春风得意，你是不知道我曾经多么苦逼。”

他说他刚毕业那时候，因为太穷，连续睡了两个月的地板，吃了三个月的泡面，现在看到泡面就想吐，但是第二天还是会穿着干净的西装衬衫去上班，英语学习也从来没有断过。

曾经去过他家，干净舒适的客厅，阳台上面草木葳蕤，是他养的花花草草。有古朴气息的书房，用力嗅嗅可以闻到淡淡的檀香味，古今中外各类奇书他都有，其中几本书还夹着几个精致的铜制书签。

沐风对于生活态度的追求和对于精神世界的偏执，曾经很大程度上影响到我。刚刚出社会的时候，我和一些年轻的应届毕业生同一批进入公司实习。那些人每天都是穿着休闲衣服和鞋子进出公司，可是我受到沐风的影响，每天都是穿着笔挺的职业装去上班。最后实习结束，通过实习期的人就只有我一个。老板后来私下告诉我，每天对于工作的着装有要求的人，对于工作也一定会认真、负责。

（2）

刘老师是我的高三班主任。那个时候我们班级是理科班最差的班级。另外一个文科班最差的班级的班主任其实心里已经放弃了对他们班上学生考重点大学的希望了，也不怎么用心管理班上的事情，只要不惹祸就行。可是刘老师不是这样。

他告诉我们："能力和学习成绩同样重要。"

刘老师进行了一次班会选举，选出了一批成绩不好但是希望提高能力的人，让他们在班会上锻炼口才，展现才艺，让他们慢慢体会到：虽然自己成绩不好，但是通过其他方面的努力，不放弃对自己的希望，依然可以得到别人的尊重。然后他把班上全部同学平均分为 10 个小组，每个小组进行比拼。每个月选取学习成绩进步最大的 5 个小组，进行奖励。

刘老师曾经在外面闯荡过，和我们说过很多关于打工的经历，记忆中我印象最深刻的一句话就是：当一个人身处黑暗时，有的人会诅咒黑暗，有的人会点亮蜡烛，照亮身边人，你们一定要做第二种人。

刘老师也是在以身作则地告诉我们，虽然他带的是最差的班级，但是他仍然不会放弃对班上学生的希望，把这些学生内心照亮，同样会出很多人才。

（3）

抗战时期，一个作家去一个老学者家里做客。老学者家徒四壁，一穷二白，饭菜只有一碟辣椒萝卜，一碗白米粥。可是，桌布洗得一尘不染，几个杯子擦得晶莹通透，老学者穿着衣不蔽体的衣裳，手持筷子凛然而坐。穷且益坚，决不妥协，毫不放纵。这就是一种从骨子里面散发出来的光亮，一种极致的人生追求。老学者在那样艰苦的环境下，写出了一本一本的著作，鼓舞了一代又一代中国人。

记得有个读者告诉我，说他读大学的时候，因为没有火车座票了，每次买的都是无座票。但似乎每次都会有好心人说："来，我们挤挤，你坐旁边。"又或者说："你坐会儿吧，我们换着站。"虽然他们自己都是几个人挤在一起，根本没有多余的位置，而且又带了很多行李，进出都不方便，但是他们却没有放弃帮助别人，没有放弃自己内心的光。当时他心里真的很感动，以至于自己后来也是这样对待别人。或许是他们内心的光，照亮了当时的他自己。也是有了这无数的光，照亮了整个充满温暖的社会。

（4）

电影《肖申克的救赎》看过无数遍，很喜欢一句台词："有些鸟是永远关不住的，因为它们的羽毛太漂亮了，当它们飞走的时候，你会觉得把它们关起来是种罪恶。"

这样一种鸟，这样一种人，是一种内心自带光亮的人。他可以感染身边的人，身边的人只要靠近他，必将发现一个更大、更精彩的世界。因为迷茫，因为身处黑暗失去方向，于是很多人开始放纵自己，编织各种各样的谎言来敷衍自己，失去自己内心的光。可是恐惧和迷茫会让你一步一步沦为囚犯，只有内心的光和希望才会让你重获自由，内心有光的人才能拯救自己和他人。

这一种坚持，使灵魂深处保有一片自由的天空，为相同的生命做出不同的解释。一个人的黑夜，生命的黑夜，人生的黑夜，精神世界的黑夜，是因为内心没有光。当他有了理想的光，希望的光，信仰的光，他的黑夜将会从此消失，也会帮助更多的人走出黑夜。保持内心的光，不知有谁会借此走出黑暗，发现更大的世界。

因为迷茫，因为身处黑暗失去方向，于是很多人开始放纵自己，编织各种各样的谎言来敷衍自己，失去自己内心的光。

一个人的黑夜，生命的黑夜，人生的黑夜，精神世界的黑夜，是因为内心没有光。当他有了理想的光，希望的光，信仰的光，他的黑夜将会从此消失，也会帮助更多的人走出黑夜。

拔掉你生命里的杂草

一个职场故事。耿经理是公司总部派过来专门整顿业务的，据说之前在另外一个分公司是个能人。公司的坏分子听闻了消息，开始变得勤快起来，之前慵懒得连打印纸掉到地上都不去捡的人，也变得勤快了，忙碌了起来。可是日子一天一天过去了，他却毫无作为，对每个人都彬彬有礼，也没有出台具体的政策措施。下班了同事邀请他聚会、打麻将，他也应约参加，并和他们打成一片。平时不发表对公司任何人、任何事情的看法，没事就躲在自己的办公室不再出来。这哪里是什么能人，根本是一个滥好人，比之前的经理好对付多了！于是公司之前的坏分子开始变得放松警惕，慢慢地又开始猖獗起来。

三个月过去了，快要发工资的一个周末，公司的人都收到了耿经理秘书的电话和短信：周一早上9点开早会，任何人不得以任何理由缺会！会议的主要内容是重大的人事变动，之前的坏分子一律被开除，领取了公司的补偿金和当月的工资，就马上滚蛋了，有贡献的能人一律获得晋升和公司将来的重点栽培。能人和坏分子居然没有一个是评断错误的。手起刀落，干干净净，公司全员又重新燃起了熊熊的希望和斗志。

耿经理下手之快，断事之准，令所有人折服！后来一次聚餐的时候，耿经理酒过三巡，开始解答同事们对于那件事情的疑惑。

他说："公司什么最重要？人才！"

人才就是公司的血液，而坏分子就是老鼠屎，会污染公司的血液。而要经营好一家公司，一定要保证血液的干净和纯度。当你刚到一个新公司，如何就能知道谁是人才、谁是坏分子呢？唯一的办法就是让大家放松警惕，让每个人慢慢回归到他本来的样子，所以他就一开始"扮猪"看清楚全局和了解每个人后，然后再吃"老虎"呀！不明白情况急着做决定，就有可能把公司珍贵的人才给清退喽。

职场如此，生活中很多方面亦然。南方田野大面积种植水稻，而水稻每年都要清除一种杂草：稗子。

在秧苗时期，稗子的外形和禾苗极为相似，很多没有经验的农民喜欢在秧苗期清除稗子，却大面积错杀了禾苗。真正有经验的庄稼人，会在成长期来清除稗子。到了成长期，稗子和禾苗长势开始不同，出现巨大的分野。这个时候来清除稗子，是不会出现任何失误的。

其实，我们人生又何尝不是这样呢？每天有很多人和事，在我们的世界里进进出出。而我们的生活都是忙忙碌碌，还没有清楚地去了解，就急着去做评判。一个错误的评判会让我们错失一个好朋友，一件好事情。我看过很多视频、很多文章，要我们读更多的书、广泛涉猎，认识更多的人、互相学习，培养更多的习惯、综合发展。如果你还处在探索世界和了解自己时期的话，这是好事。不要心浮气躁地去做评判和放弃尝试，趁着年轻，多尝试、多历练，那是好事。但是书有坏书和好书，人有帮助你的人和消耗你的人，习惯也有适合你的和不适合你的，在有一定了解之后，你要尝试给你的生命做减法。一个人的心智成熟不是越来越宽广涵盖，什么都去发展。相反，我觉得应该是一个了解过后，逐渐剔除做减法的过程。

知道自己生命里最重要的人和最重要的事情是什么，不重要的是什么，而后，把所有的精力留给重要的事情和重要的人。

你不断尝试，不断结识，不断发展后，你生命的田野长满稻谷的同时也会长满杂草。而我们的生命是有限的，田野的养分也是有限的，如果你不去剔除，你生命里的杂草将要消耗你的养分，消耗你的生命。

只有把生命的养分留给生命里的禾苗，你的人生才会绚丽多彩，稻谷满仓。

读书还有什么意义？

去年和家人一起看电影《道士下山》。暮雨、草木葳蕤、山石静默的场景中，范伟说了一句台词“落花人独立，微雨燕双飞”。文学诗句的美感一下子涌进我的内心。日子滚烫，心有戚戚，以至于当场泪流满面。晏几道的诗句已经忘记得差不多了，剩下来的只有这句“落花人独立，微雨燕双飞”在我不经意的时候还能直击内心。

小的时候看书很慢，细细咀嚼，害怕看得太快就没有书看了。现在早已不记得《安徒生童话》有多少公主，《海底两万里》到底讲了什么，《皮皮鲁和鲁西西》具体遇到了什么好玩的事情，《格林童话》为什么每篇都那么短。到手的书籍也是一边忙着看，一边忙着忘。

有朋友问我：我看完了一本书，一下子就忘记了，甚至不记得作者和书名了，那读书还有什么意义呢？是啊，那还有什么意义呢？记得有一个故事。一个小孩问老人：“爷爷，我读书有时候看不懂里面的意思，有时候又好像明白了一点点。可是当我一合上书，脑海中又立刻忘得一干二净。这样读书有什么意义呢？”

老人安静地将一些煤投入炉火中，然后说：“孩子，你用装煤炭的篮子去湖边打一篮子水回来。”

孩子照做，可是水在他回家之前就已经流光了。孩子一脸不解地望着满脸沧桑的爷爷，老人望着提着篮子的孩子，含笑说：“你应该跑快点！”这一次，孩子加快了速度，但是篮子里的水还是漏完了。他对老人说：“竹篮打水是不可能的！”“你真的认为一点意义都没有吗？”老人胸有丘壑地说道，“你看看这篮子。”孩子看了看篮子，篮子变得非常干净和湿润，已经不是黑乎乎的了，连提手都变得更加光泽了。

书籍好比是水，人好比是篮子。人一遍遍在书籍中洗涤自己的污垢，然后变得通透有质感。

三毛说：“读书多了，容颜自然改变。许多时候，自己可能以为许多看过的书籍都成过眼烟云，不复记忆。其实它们仍是潜在的，在气质里、在谈吐上、在胸襟的无涯，当然也可能显露在生活和文字中。”

如切如磋，如琢如磨，这就是读书的意义。

电影《肖申克的救赎》里面，安迪被关禁闭，暗无天日三个月，人家问他你怎么忍受孤独的，安迪回答：“有莫扎特先生陪着我。”

我们不妨也想象一下。把浩瀚无边的书海世界想象成一个王国，你就是这个王国的国王。你的大臣近有老、庄、孔、孟、韩、墨、荀，远有柏拉图、亚里士多德、培根、康德、哥白尼、伏尔泰、莎士比亚等历史长河中所有有影响力的人，而他们都是你的臣民。没事的时候，就拿出一本书和你的臣民对话，想想你的王国是有多么精彩！

季羡林临走前能背诵的古文也就几十篇罢了，但是他的国学造诣深到了海里。读书不是要具体能记住全部的东西，读书只是一回回的内心独处，一场场的心情旅行，一次次的灵魂喂养。它每次都在提醒我们，你在井底，出来看看外面的精彩世界！

不读书总以为多了什么，读书总知道少了什么。当我们还是一个小不点的时候，我们吃过很多粮食、肉、蔬菜、水果、牛奶，也从油盐酱醋茶中滚过，它们大多数在几天内排出体外，消失得干干净净。但我们仍然感激它们，因为随着我们的一路长大，它们组成了我们的血与肉、笑与泪。

读书也是一样。

我们吃过很多粮食、肉、蔬菜、水果、牛奶，也从油盐酱醋茶中滚过，它们大多数在几天内排出体外，消失得干干净净。但我们仍然感激它们，因为随着我们的一路长大，它们组成了我们的血与肉、笑与泪。

You're just pretending to be very hard

Part 2 对自己狠一点，离梦想近一点

没有仪式感的人生，永远灰头土脸

村上春树说：“仪式是一件很重要的事情。”

喝牛奶时，你特意替我擦掉嘴边的白泡沫，是仪式；出门时，你特意把我的领带给调整好，是仪式。

走路时，你特意蹲下来帮我系好鞋带，是仪式；逛街时，你特意记得我喜欢的衣服买来送给我，是仪式。

别人生日，你切蛋糕下去的第一刀是仪式，拆掉新书的塑料包装也是仪式。其实仪式就是把本来单调普通的事情，变得不一样。仪式是让我们对所在意的事情，怀有敬畏心理。

(1)婚姻里的仪式感

普华永道的老总唐徽，她曾说结婚十几年了，她雷打不动的规定就是每周五和先生约会。她老公是一个喜欢吃意大利餐的美国男人，所以他们每周五晚餐都会坐在高档的意大利餐厅享受美食。她说仪式感是婚姻中不可或缺的元素，因为它会时时刻刻提醒夫妻二人，必须认真、敬畏地去经营婚姻。

朋友 A 是一个婚姻心理咨询师，他和我曾说过一个案例。丈夫和妻子结婚 8 年多了，每次遇到重要的节日时，丈夫提议出去庆祝一下，而妻子每次都说要花多少多少钱，要节省钱就不去了，结婚 8 年竟然难忘的日子没有几个。后来他们离婚了，丈夫遇到节日都会欢欢喜喜和新的伴侣出去庆祝，在新的婚姻里如鱼得水。可是这时，前妻却无法释怀了，生活一直过得不好，常常跑心理咨询室解决心理问题。由此可见仪式感是获得安全感的源泉之一。

很多女孩子描述恋爱细节都会这样说：我记得那天我生日，他特地来看我，陪我在哪里做了什么，送了我什么礼物，对我说了什么话，他对我很用心，我觉得很幸福。

从感性的角度，在某刻特别用心做某事，带有仪式感，会让人刻骨铭心。很多女孩子都向往一场浪漫的婚礼，对很多细节都会有特别的要求，在那个仪式上彼此说着爱的誓言，一生中记忆最深的莫过于此吧。

因为有仪式感，你才记得那天的阳光和白云，还有他身旁的微风和眼中的光芒。

（2）生活里的仪式感

记得一个牛津大学毕业的著名学者说过他上学的事情：在他上高中的时候，父亲每次接他、送他的前一天，都会认真去洗一次车，而且要洗得非常干净。父亲的洗车让他觉得上学有了仪式感，也特别用心。

在我家里有一个不成文的规定，就是一家人吃饭必须围着桌子一起吃，不能看电视，不能一个个东奔西跑。

母亲常说："民以食为天，对于食物我们应该怀有敬畏之心，人家老外吃饭前还要祷告咧，家的意思不就是一家人常常在一起吃饭吗！"

家里不管是哪个人过生日，父母必将准备丰盛的菜肴，一家人都要穿上最好的衣服，来庆祝这个特别的节日，像是参加一个重大的仪式。母亲还有一个歪理：连吃饭都不能好好聚在一起的家庭，走不远。于是我开始观察了几个街坊邻居，居然还真的是母亲说的那样。就拿我家的邻居来说吧，妻子做完饭就会端着饭跑到外面去和别人聊天，子女端着饭边看电视边吃，丈夫端着饭坐在门口台阶上。果然，没几日妻子就和别的男人跑了，从此这个家庭一地鸡毛，狼狈不堪，争吵的响声常常传到我家里。一家人一起认真吃饭，这是我们家里的仪式感，每当我想家的时候，出现最多的画面就是一家人开开心心吃饭的场景。

第三季《唐顿庄园》中，有一次因为炉子坏了，唐顿第一次放弃了繁文缛节。他和别人谈论此事时，显得对生活中的仪式感非常着迷。他说："你厌倦了生活中的格调，就是厌倦了生活。"小时候参加外公的葬礼。八个穿着黑衣的汉子戴着草帽，在乌压压的人潮和炮仗齐鸣的响声中将外公的棺材抬起。这时一个人悠悠地吹起唢呐，顿时一种很强烈的仪式感袭来，我想我此刻要正式地和外公告别了。我们成长、我们毕业、我们离开，我们需要一个个的仪式来对过去的自己告别，然后重新开始新的生活。

王阳明言："你未看此花时，此花与汝心同归于寂。"

你来看此花时，则此花颜色一时明亮起来。一切繁杂里才能照见简单，一切世俗中才能照见脱俗，一切喧闹中才能照见宁静。在如今缺乏仪式感的国度里，我们会失去很多觉察的机会。我觉得仪式感之所以重要，是因为可以通过仪式不断地暗示自己，强化精神，将自己的内心和外在的世界相连接，将外界的物质与我们心中所理解的世界结合起来，感受到自己的力量，有一种对人生的控制感，能够让我继续坚持枯燥无聊的生活，熬过艰难颓唐的苦难，能够在遇到变故或者彷徨无助的时候给予自己强大的希望。

我的世界，无须你来炫耀

（1）

老王是公司同事，才华横溢，满腹经纶，学富五车，但是公司却没有一个人喜欢他，像躲避瘟疫一样避开他。

为什么？因为他太喜欢炫耀才华了。只要你当着他的面谈论一个问题，你只要说出几个字，他马上像是打了鸡血一样，异常兴奋，毫不客气地把你的话茬儿接过去，然后开始口若悬河、滔滔江水、绵延不绝的模式，最后还要加一句“这个东西我早就知道了，老掉牙的东西”。他有一个特点，一般自己不主动挑起话题，像是黑夜里躲在草丛里面的猫，敏锐地竖起耳朵，只要听到老鼠的任何声响，马上用最快的速度冲出来捕捉目标，根本不给任何人发挥的机会。

他觉得自己博学多才，很多话题都可以接上，别人应该对他大加赞赏。然而并没有，他得到更多的是讨厌。

他歌唱得好，一般 KTV 有两个话筒，其中一个话筒已经有一个人在非常投入地唱（大部分时候唱得不好），他会抢来另外一个话筒，然后扩大音量卖力地把那个人比下去。他首首歌可以唱，自己却不点歌，喜欢长期霸占话筒炫耀自己的唱功好。所以后来只要有同事聚会，大家都会特别点名不要叫他。其实只是这些就算了，都只是生活里的小事。

他最大的作死就是开会的时候，领导只要有一句话说错了，他会马上纠正，弄得领导很没面子。领导于是找个台阶下，打趣说："本人水平不行，还望大家多多指正。"

他却信以为真，专门来挑领导的毛病，以为会获得领导的好感，说他有内涵。可是几年了，职位一直没有晋升。

（2）

忽然想起，史上非常有才华也是死得最冤的杨修。杨修的才华，远胜曹操。有一次杨修和曹老板途经曹娥碑下，石碑的背面刻字"黄绢、幼妇、外孙、齑臼"。

曹老板问杨修："你知道这是什么意思吗？"

杨修回答说："知道。"

曹老板说：“你先别说，容我想一想。”

走出三十里远的时候，曹老板才说：“我已经知道了。”

命令杨修单独写出他所知道的，杨修写：“黄绢，有色的丝织品，写成字是‘绝’；幼妇，少女的意思，写成字是‘妙’；外孙，是女儿的孩子，写成字是‘好’；齑臼，盛纳五辛（舌尖上吃的）的器具，乃辞，这说的是‘绝妙好辞’的意思。”

曹老板也写下了自己的想法，和杨修是一样的，于是赞叹道：“我的才能比不上你，走了三十里路才明白碑文的意思。”

可是杨修却喜欢拿自己的才华出来炫耀。曹老板说自己喜欢梦中杀人，杨修却说：“丞相非在梦中，君乃在梦中耳！”我相信曹营人才济济，知道答案的可以排一个加强连，可是人家知道不说。

曹老板有钟爱的进口零食，他在盒上写了“一合酥”。杨修见到了，竟然取勺子和大家将酥吃完了。

曹老板问其原因，杨修回答说：“盒上明明写着‘一人一口酥’，怎么敢违背丞相的命令呢？”

曹老板表面虽笑，而心里却很想弄死丫的。杨修还通过自己的才华屡次帮助曹老板的儿子考试作弊，给他打小抄。

有一次，曹老板正在前线打仗，遇到瓶颈问题。晚上吃了一盘子鸡肋，有点不爽，随口说道：“鸡肋鸡肋。”于是鸡肋便传开了。杨修知道后，马上收拾行李，准备回去。很多人看到杨修准备回去，于是也纷纷收拾行李。曹老板晚上心烦意乱，拿着钢斧在军营散步，发现士兵正在准备行装，大惊失色。

问清楚了原因后，就以“动摇军心”罪，把杨修给宰了。最后事实证明，曹老板继续打仗的决策还是错了，于是厚葬了杨修。此事可以看出，曹老板还是很厚道的。曹老板求贤若渴，非常能容忍有才能人的缺陷，可是杨修却不知天高地厚，处处搞得曹老板很爹毛，曹老板就偏偏容忍不下他。

杨修不是三国里最聪明的，起码人家贾诩智商就甩他十条街。曹老板在国家继承人问题上左右拿不定主意，于是问贾诩哪个儿子好，贾诩傲娇不说，“宝宝心里知道，但是宝宝不说”。于是曹老板急得炸锅，贾诩才说：“我刚刚想起了袁本初、刘景升父子。”一语定乾坤，大事遂定。真正的聪明人是：知道什么时候拿出自己的聪明，什么时候收起自己的聪明。

（3）

我很敬佩一个大姐姐，名牌大学博士生，上晓天文，下知地理，但是她老公的学识比不上她。别人有什么问题，问他们夫妻，她老公忍不住答了，哪怕是不够全面，不够正确，她不会当面辩驳，也不会通过贬低自己的丈夫来炫耀自己的才华，而是默不作声，私下和老公沟通。邻居有什么问题单独问她，她也不会只顾自己说痛快了，一股脑儿全部抛出来，而是非常谦虚，一点一点耐心地去引导、启发别人，让别人真正明白这个道理。

古语有云:“大智若愚，大巧若拙。”有大智慧的人行事稳重，他们总在默默观察，谨言慎行。他们不会带着炫耀的心态在别人面前大露锋芒，不刻意显示自己的才华，不去追求别人的赞许，单纯地只是为着自己的快乐和信念而活着。怀才就像怀孕，总是喜欢拿出来炫耀的人，终有一天会胎死腹中。

以大多数人努力程度之低，远远不到拼天赋的时候

（1）

最近发现一件令人大跌眼镜的事情。某同学是系里面高考分数倒数第一的学生，进大学时系里面很多同学都比他聪明、天赋高。结果，他用正常的学习强度来学习，该玩就玩，该学习就学习，老师布置的任务全部保质保量完成，比别人多花了一点心思在学业上。而其他的很多同学都是忙着谈恋爱，通宵打游戏，做兼职，没有重视对专业课程的学习。第一年考试，他竟然咸鱼大翻身考了全系第一名，获得了 8000 元励志奖学金。对，你没有听错，是正数第一名！

曾经有很多人向我抱怨，说自己什么什么事情做不好，是因为自己没有天赋，别人做得好是因为别人有天赋。

可是真的是这样吗？这无非是为自己的偷懒找了一个堂而皇之的借口罢了！

（2）

娟和琪都是公司部门里面的员工，同一个大学同一个专业毕业。一次我交代娟去做一个公司的资料整理，不到半天她就交给了我一份资料。我打开一看，很多语句不通，连公司的名字都写错了，气得我肝疼。于是我指责她不够用心，不够努力，她却说：“我又不是学这个的，没有天赋啊！”

我只得把这个工作再重新布置给琪，也是不到半天时间她就交给我了。我翻看了一下，图文并茂，数据翔实，有理有据，居然没有一个错别字，一下子我对琪的好感增加了许多。我问琪这个资料怎么做的，她说自己无非就是把公司的资料和网上的资料整合，并且重新检查、编排，再自己撰写很少部分的结论和观点而已。

是的，根本用不到天赋。后来，我又安排娟去联系一个客户，我把电话号码给她并要她记住。因为业务关系又有几次要联系那个客户，她居然又找我要号码，她解释说当时自己没有数学天赋，记不住。你没有天赋，难道不会用手机或者本子记下来？你就是不用心，还把“天赋”当成借口！后来娟绩效考核一直没有通过，于是公司把她给辞退了。

记得我刚进公司的时候，老板安排我去做一个视频编辑。他之前也是安排另外一个人做了，不满意，要我重新做。另外一个人也是对他说：“我不是学这个的，我没有天赋啊。”

可是，我并不相信什么天赋不天赋。搜集清晰视频、图片、背景音乐、制作字幕，花了我一天的时间，然后再花了一天的时间用来慢慢剪辑，一秒一秒地过，每个特效、每个字幕都要核对。结果，老板非常满意，对我大加赞赏。其实别人都不傻，你努不努力，用不用心，别人心里跟镜子似的，一清二楚。

（3）

我很不喜欢老师对家长说的一句话：您的孩子天赋很好，只是没有努力而已。于是很多家长认为：我的孩子很聪明，他只是不屑于努力而已。所以，他现在可以不努力，只要以后努力就行。真的只要以后努力就行吗？您的孩子真的只要努力就可以化腐朽为神奇？到了那时候早就被别人甩开十几条街了！努力也是一种天赋，一种能力！

卡特尔曾经做了大量的调查和研究，他按照社会文化因素关系，把人的能力分为液体能力和晶体能力。

液体能力也就是指我们所说的天赋，它较少地依赖文化和外因，只和年龄有密切关系，20 岁会达到顶峰，30 岁就开始下降。而晶体能力则取决于后天的学习，在人的一生中晶体能力一直在不断发展，只要你一直努力，终生增长。

对于大多数人来说，液体能力不够，晶体能力来凑，照样成功！

（4）

很多人说犹太人做生意很厉害有天赋，其实真正厉害的不是犹太人，而是中国人。一些发达国家的本地人很惧怕中国人来做生意，比如迪拜。他们很多本地人比较慵懒，店铺节假日不开门，每天上午也是很晚才开门，下午早早关门。而中国人去了，节假日不休，早上 8 点开门，晚上 12 点关门。

中国人太努力太勤奋了，很多生意都被中国人抢走了，本地人生意自然不好。在一些顶尖的圈子里面，天赋确实是有用的。比如国际奥赛、国际台球、艺术、科技竞技等，真的需要天赋。但是他们那些人照样也很拼，很多天才几乎是到了废寝忘食的地步。真正可怕的是，比你有天赋的人比你还努力。

为什么人和人之间区别那么大呢？原因就在这里！

用体育界的一句名言：努力决定你的下限，天赋决定你的上限。以大部分人的努力程度之低，根本轮不到你拼上限的时候！在很多行业，足够的努力可以保证一个普通人取得满意的成绩。能够努力付出，长时间专注和投入某一个行业，这本身就是一种难得的天赋。

不要总怀疑自己天赋不够，不够聪明，我坚信大多数人脑子是很好使的，多想想自己如何在电脑游戏中如鱼得水，如何在牌桌上春风得意。

古之成大事者，不唯有超世之才，亦必有坚韧不拔之志。在大好的时光中不要总拿“没有天赋”敷衍自己，真正的“没有天赋”其实是你竭尽全力，用尽全身所有力气之后，依然没有任何回报，而不是两手一摊，毫无作为。一个“懒”字，足以毁掉你的一生，不管你本来有多么伟大的梦想，多么优秀的天赋！

假装成功：一种不可思议的力量！

火了很多年的美剧《越狱》，其中一个心理医生的台词，很有意思。他说：“米勒看到的东西和别人不一样，比如说普通人看一盏灯只能看到灯罩和灯泡，可是他可以看到隐藏在灯里面的灯丝，线路，每一个螺丝钉。”

如果天赋低的人能看到这些，就会精神分裂，而如果天赋高的人能这样，那通常是极具创造力的天才，而米勒就属于后者。所以他创造了一件件不可思议的事情。记得当初看《朱镕基答记者问》这本书的时候，朱镕基总理和资本大鳄索罗斯的对话让我很震惊。索罗斯的高度和视野还有他所关注的东西，鲜有人与之匹敌，显得非常厚重和开阔，他看到的世界和别人不一样。看到的世界和别人不一样，说白了无非就是格局不一样而已。格局就像是一口大锅，而人的成就就像是锅里烙的饼，一个饼再大，也不可能超过那口锅的面积。所以，我们的格局就决定了我们的成就。吃货看到的世界是：哪个地方有好吃的？好去犒劳一下自己的胃。商人看到的世界是：哪个地方消费水平高？好去做生意。农民看到的世界是：哪块土壤肥沃？好去种庄稼。乞丐看到的世界是：哪个地方人流量大？好去乞讨。老板有老板的格局，部门经理有部门经理的格局，员工有员工的格局，他们看到的世界是绝对不一样的。普通人的格局非常有限，甚至很多人困在自己狭隘的世界观里，苦苦不得抽身。那如何才能打开自己的格局呢？

曾经在网上看到过一个故事。很多年前，一个小女孩到纽约市繁华地段的一家时装店应聘当打杂女工。小女孩出身于贫寒的家庭，家住在纽约郊区的一个廉价的出租房内。当她走进那家富丽堂皇的时装店时，感受到一股强大的冲击力，仿佛走进了一个令人眩晕的崭新世界。上班以后，她看见很多同龄女孩坐着高档轿车来到店里挑衣服，站在店里精致的硕大试衣镜前试穿漂亮衣服。她们和店里的女老板一样，妆容精致，衣着华贵，高贵典雅，大方得体。小女孩心里想：这才是女人应该过的生活呀！一股强烈的欲望在她的心中燃烧，她在心里暗暗发誓：我也要当老板，成为她们那样！于是，小女孩和自己玩起了一个特别的小游戏。她每天上班之前，都要面对着那面试衣镜，对自己很自信、爽朗地微笑，像是再重新认识了自己一番。她虽然家境贫寒，只能穿旧衣服上班，但是她假装自己已经是衣着华贵的女人，做人做事大方得体，有礼有节，文质彬彬，深受顾客好评。她虽然在店里面地位卑微，只是一名女杂工，但她假装自己已经是老板，工作认真负责，倾尽全力，仿佛那时装店就是她自己的，因此深受老板的喜爱和信任。于是许多人在女老板面前说:“这个女孩是你店里最聪明、最有气质的女孩。”女老板内心欢喜，也非常认可别人对她的评价。没多久，女老板开了分店，就把这个时装店交给了女孩管理。

随着时光的流逝，女孩的名气越来越大，也有了一个非常响亮的名字，她就是全球著名设计师——安妮特夫人。

人生当中如果我们达不到成功人士的格局，不如先假装自己已经是成功人士了，那么我们应该如何要求自己呢?如果这样去倒着思考一下，并且付出实际行动，一定会获得一种不可思议的力量，你的格局也会慢慢和成功人士靠近，也能了解和猜测到他们的一些想法和思路，最后你也会变成一个成功人士。

爱默生说:“生动地把自己想象成失败者，这就使你不能取胜;生动地把自己想象成成功者，将带来无法估量的成功。”

记得我第一次参加演讲的时候，台下面乌压压坐了一大群人，我很紧张，内心很慌乱，心里开始打起鼓，和别人说话也是语无伦次。后来，上台前一个教授告诉我，你不要怕，你就假装自己已经是一个了不起的大师，你是最牛的，台下面的人水平都比不上你。于是我按照教授的方法去暗示自己，顿时轻松了许多，气场也变强大了。演讲完，台下响起雷鸣般的掌声，我知道这次演讲非常成功。

哈佛商学院教授、社会心理学家 Amy Cuddy 的研究告诉我们:

人的心理能决定我们的肢体语言，反过来，我们的肢体语言也会影响到我们的荷尔蒙水平，从而影响到我们的心态。如果我们尽量伸展，并且假装自己很有力量，持续一段时间后，我们体内的荷尔蒙便会有轻微的改变，从而真的开始有力量。

“假装成功”，其实是重塑自己的自信心，学会像成功者一样思考、一样做人做事，以全新的自我去打造一个新的格局和视野。如果你想成功，请你先假装成功，把“假装成功”的信念融入你的骨髓，流进你的血脉，用成功者的标准去要求自己，用成功者的思维去打开自己的格局。

做一个有独立思考能力的人

（1）

“你老公和别人在开房，请点击 ××× 速看照片”，手机忽然收到这一条信息。

我苦笑，我是男的，哪里来的老公！迄今为止，我已经中奖553 万，被出轨 12 次，儿子开房被抓 9 次，《中国好声音》栏目笔记本中奖 6 台，《我是歌手》栏目苹果手机中奖 5 部。

很多人一看就知道是诈骗短信，可还是会有人上当。不久之前看新闻，一个中年妇女想看自己老公和别的女人开房的照片，输入了自己的银行卡号和密码，被盗走了 62 万。妇女痛哭流涕，追悔莫及。不相信自己的老公，却相信陌生人的短信，刚好给犯罪分子钻了一个空子。

猜忌和怀疑，常常会促使人酿成大错。

（2）

云姨是我的一个远房亲戚，很久不联系的她忽然打电话托我办一件事情。我本来不想答应，看在是亲戚的面子上勉强答应了。后来这件事情耽误了我一天的时间，花了 1000 块钱。云姨把这 1000 块钱给了我。其实耽误我一天的时间，算上车子油费、停车费远远不止这些。我觉得是亲戚也没有和她说，想想就算了，不要计较那么多。过了半个月之后，突然有人跑过来和我说，云姨在外面说我的坏话。原因是云姨听别人说好像办她上次托我的那件事，不需要 1000 元，说我在中间赚了她的钱。

听到这个消息，感觉像是吃饭吃进了一只恶心的苍蝇，气得我肝疼。母亲气不过找她对质，她又不承认自己在背后说的那些坏话。为什么你相信别人，委托他帮你办事，别人费心费力费钱给你办成了这件事情，你不懂得感恩，反而听信外面的一些风言风语，就过河拆桥，猜疑、指责别人？

可怜之人必有可恨之处！

（3）

感情中常常也会犯这样的错误。暮岩是我的一个笔友，本来和他爱人感情挺好的，可是最近却离婚了。

原因是他们单位来了一个女同事，年轻、肤白貌美，又有才华，刚好和暮岩有共同的文学爱好。因为有共同的爱好，像找到知音的感觉，又是同事，一来二去难免会接触得比较多。

一些碎鸡皮子的话就传了出来，飘到了暮岩老婆的耳朵里。老婆找他大吵大闹，晚上不准他睡觉，必须把事情说清楚。还跑到暮岩单位吵了几次，骂那个女孩狐狸精，搞得暮岩很没有面子。积毁销骨，众口铄金。日子太过煎熬，于是暮岩和他老婆离了婚。

离婚时，老婆指着他咆哮道:“我果然猜得没错，你就是和那个狐狸精有一腿！”

可是，他们的关系真的仅仅是谈一些文学方面的事情而已。是他老婆听信了别人的话，听信了他们的怂恿和支招，不断吵闹、争执，把自己的老公不断推向那个女孩。结果离婚后没半年，他和那女孩真的就在一起了！

为什么宁愿听信别人没风没影的话，而不相信自己的老公呢？最可悲的是多年的感情却比不上别人的那些背后的话，心寒！内心的安全感是自己给自己的，不是听了别人嚼舌根的话用猜忌、怀疑来掠夺的。

兼听则明，偏信则暗。多少君王因为听信佞臣的谗言，股肱心灰意冷，帝国顷刻崩塌。多少老板因为听信别人背后的坏话，得力干将出走，公司一蹶不振。多少朋友因为听信小人的离间之言，闹得反目成仇，友情毁于一旦。

人前说你的好话，你听听就好。人后说你的好话，才是真正的好话。多少人的关系变了，是因为他人的嘴。我们也不知道在别人的嘴下面死过多少回。如果你真的有眼睛，就别用他人的嘴巴去了解一个人。真正有独立思考能力的人，是不会听信别人的一面之词的！背后不议论别人是一种优良的品质。不听信别人背后议论，更是一种金子般的品格！

不要总相信第三方的正义裁决而放弃自身努力！

贱人者，古语“佞”也，通“小人”。

子曰：“唯女子与小人难养也。近之则不逊，远之则惹怨。”前者未免失之语意，后者确极为传神。

荀子言：“人之初，性本恶。”我们生活中处处“飘浮”着贱人，难免遇到。

有的人：你去香港，要你代购。东西买贵了，他还和你说我看了网上的价格不要这么贵啊。

有的人：你请他吃饭，他每次都说下次我请。可是每次买单的时候，他都跑去上厕所。

有的人：知道你文笔好，要你帮忙写策划。什么？要收钱？我们这么好的关系，下次请你吃饭。

有的人：同行就满嘴跑火车，同席就不停吹水。动不动就是认识哪个大哥身价几个亿，动不动就是接了几个大工程。

有的人：拉屎都在宣传他的盈利模式，谁谁又赚了多少钱。每时每刻想拉你进入他的传销组织，做他的下线。

有的人：几个月不和你联系，每次联系都是找你借钱、借车、借人，连你每次推送的文章既不查看点赞也不发朋友圈。

有的人：每次和男朋友恩爱的时候就忘记了你，两口子闹掰的时候就叫你出来安慰她受伤的心，不管是凌晨几点，还要你好吃好喝好话供着。

最近看朋友圈，关于贱人的文章非常多。

大致都是讲：

1. 不要和贱人争斗，要有大格局。

2. 人贱自有天收。

3. 你要努力活得比他好！

这些观点气得我“垂死病中惊坐起”，没有吐槽就坐立不安。你这是教人做“包子”啊！你内心惧怕贱人，你觉得他会比你成功，所以你不敢得罪他。如果你在他第一次伤害你的时候就回击，就不会有第二次、第三次。相反，如果你退让，贱人不会因为你的退让而感恩，他只会得了便宜还卖乖。下次贱得更凶，贱得更狠。

狗咬你一口，你不咬回去难道不会用棍子打回去？如果你不打回去，难道你要让他咬死你？难怪世界上越来越多贱人，都是你们这群“蠢包子”给惯的！

卑鄙是卑鄙者的通行证，高尚是高尚者的墓志铭。人家北岛前辈早就教导我们：卑鄙者拿着通行证在世上横行霸道，而高尚者只能等到死了才会有人提及你的高尚。贱人在你家正门口拉了一坨翔，然后你每天出门都要绕开那一坨翔，同时对自己说：我要活得比他好，我要有大格局，我要让老天去收了他。

窝囊不窝囊？寒碜不寒碜？你说贱人套路深，你要回农村。可你不知道农村路也滑，人心也复杂！你说你要退出江湖，可是有人就有江湖，人就是江湖。你怎么退出？

大家去买水果的时候，还不是选择比较便宜的那家。谁会关心水果摊摊主打不打老婆？

6500 万年之前，威武霸气、称雄地球的恐龙灭绝了，但是每天偷恐龙蛋的哺乳动物却存活下来了。而今天你我都属于哺乳动物。你说遇到贱人要不要开撕？难道老祖宗遗传给你的基因都失效了？永远都感觉自己没有发挥好的事情就是与贱人撕逼，而做“包子”是要忍受多少气啊？所以遇到贱人自己就收了，不要放他出来祸害广大纯洁、善良的群众，好吗？

代购贵了？直接扔他脸上！

买单上厕所？哦，我也要上厕所！一起吧。

免费写策划？好啊，你先和我的秘书约时间噢！

满嘴跑火车？掏出手机，你大哥电话多少啊？我也想认识认识呢！

做传销下线？好啊，我先打电话到公安局了解下你们公司情况噢。

几个月不联系每次联系就要借钱？接起电话：你好？你找哪位？×××？我怎么不认识啊。

做情感备胎？不好意思噢，我女朋友不要我出去呢！

还记得当年的诸葛大侠舌战群儒吗？来来来，学他，走两步！好吧，写到这里，按照励志（鸡汤）文的传统，又到了说故事、讲情怀的时候了。大家都闪开，我要上菜（真实案例）了。

A 是我们公司招聘进来的人事经理，主管人事招聘和企业文化。进来之前就有人提醒我们说他是一个贱人，和上一家公司的事情还在扯皮。可是因为他面试表现得太好了，我们就都没有在意。两年后因为 A 的表现不尽如人意，合同期满，公司没有继续聘任他。

这时 A 露出凶狠的牙齿，除了补偿金之外还要向公司索赔 5 万。理由是他自己是人事经理，有一段时间自己没有和自己签合同，而劳动法规定没有签合同的都要按照双倍工资支付赔偿。

果然是老奸巨猾的狐狸。给还是不给？给的话他气焰嚣张，咄咄逼人，咽不下这口气；不给的话请律师、打官司、搜集证据、上庭都要大把的时间和金钱。犹豫了好久，最后我们还是决定奉陪到底。这事由我经手，劳动仲裁 3 次，中级人民法院打官司 2 次。持续了几个月，他越打官司越垂头丧气，我们越战越勇。最后只给了补偿金，这一战役我们赢了。从此我走路都抬头挺胸，说话也有底气了。撕赢了贱人的感觉，实在是太爽了，真的！别人见你退让我不管，反正我被你伤害了就要搞赢回来，决不妥协。

人争一口气，佛争一炷香。不要相信圣母、暖男的安抚，人生在世，当个“包子”有什么意思？不要总相信第三方的正义裁决，而放弃了自身的努力。你不敢得罪贱人，他不敢得罪贱人，那谁来得罪贱人？

只会惯得那些贱人横行霸道，那这个社会就乱套了。

人贱自有天收？人贱自有我收！

世界在他人的奔跑中早已变换了模样

（1）

认识一个20岁的女孩子，当时她非常犹豫纠结。她不喜欢自己的专业——旅游管理，想学商务英语，问我怎么办。

我说："那你就退学，重新参加高考，考英语专业的大学。"

她说："那不行啊，复读一年，我年纪都比别人大了很多，毕业时找工作、谈恋爱都没有优势了。"

我说："那你就将来考英语专业的研究生。"

她说："那不行啊，研究生难找工作，竞争力还不如本科生呢。"

我说："那你就把旅游管理混毕业，业余时间都用来学习英语，到时候用英语来就业。"

她说："嗯嗯，也是啊！但是又要学习旅游管理又要学习商务英语，我觉得好艰难啊，但是我会去努力的！谢谢您！"

过了一段时间，我发现她又在问另外一个人。

问题同样是："我不喜欢自己的专业——旅游管理，想学商务英语，怎么办？"

另外一个人给她的答案还是我那样，我不知道她后来有没有再去问另外的人。去问一千个人，不如好好行动一次！什么都想要，什么都不愿意失去，又不愿意去付出行动，天底下哪有这么好的事情？这个女孩子在职业规划上面因为懒于行动而被卡住了，而现实社会中还有很多因为婚姻选择、因为父母关系、因为情绪管理、因为人际关系等被卡住的人，明明可以用行动来打破困境，却懒于行动，直到把自己困在原地，自怨自艾，遍体鳞伤。这样的人真不值得同情！

（2）

一天，你忽然想到一个很好的创意，你觉得这个创意很好，越想越觉得靠谱。你决定忙完目前的事情就马上开始。可是等手上的事情忙完又有新的事情出来了，你说再等等吧，事情实在太多了。过了一段时间，你重新想了一番，你觉得还有一些难点你无法解决，决定不做这件事情了。后来某天，你看到别人在做这件事情，你嘲笑他们，这件事情做不成，我早就想过了。后来你发现别人越来越好，你心里想，等你们一阵激情过了，你们就知道因为自己的无知会摔多惨。然后你发现别人已经做大做强了，于是你在饭局上打嘴炮：你知道 ×× 吗，我早他们好几年就想到这个创意了，只是那时市场不成熟。然后你说得越来越多，越来越不甘心，越来越多的人都觉得你在吹牛。然后你发现别人的这个项目已经上了新闻头条，你安慰自己说：这个项目不确定因素太多，我就算做了也未必可以做成。

我没有开始，就没有失败，没有失败就好！

上文中的“你”，不止你，还包含我自己。刚刚大学毕业时，我想到一个很好的创意，就是建立殡葬事业的互联网系统，用扫描二维码就可以了解这个墓碑主人的信息，然后建立去世者的个人网上档案，亲人想念 TA 了，可以登录账号来看 TA 生前的一些照片、视频等，寄托思念，还有配套的葬礼、殡仪服务等一条龙。后来也是种种犹豫，没有开始。

两年后，真的就有人做好了这件事情，而且扩张的速度非常快，现在已经做大做强了，当时自己懊悔莫及。后来我又遇到了一次机会，这次吸取了上次教训，牢牢把握了机会。虽然目前还没有很大的成功，但是也有了一些小小成就，起码我自己无愧于心。其实，只要有行动，做出尝试的人就没有失败，真正失败的是那些连尝试都不敢尝试的人，最可悲的是他们还不愿意承认自己的失败。

（3）

记得当初腾讯做微信这个产品的时候，有三个队伍。一个队伍的老大是张小龙，另外两个队伍是手机 QQ 团队和 Q 信团队，由资深高管刘成敏领队。

张小龙队伍当时无论在人脉还是资源上都是处于下风，很多人觉得他不行。当微信进行到一定阶段，微信和运营商（移动、联通）的利益有强烈的冲突，而腾讯是靠移动起家的（移动梦网），担心得罪老客户的刘成敏选择妥协，勒令手下放缓开发，同时致电张小龙，要他也放缓步伐。但是铆足了劲的张小龙，没有任何顾虑，单刀直入。哪怕得罪人，他也决不妥协，最后是他一手缔造了价值 5000 亿的微信社交帝国。

我们打开微信，一个孤零零的小人站在庞大的蓝色星球外，眺望远方的家园。很多人说那个小人其实就是张小龙他自己。知道为什么那么多人，就只有张小龙成功了吧？是他的偏执、他的近乎疯狂的执行力，赢得了成功。很多人犹豫的原因是：选择很多，但是每件事情都有好有坏，而不管他做出哪个选择都总是担心坏的情况出现，所以就没有任何行动，结果是所有时间全浪费在纠结、选择上了，最后没有任何成就。

如果面临选择，应该强制自己立刻选择其中一种自我感觉稍微好的去做，然后一边做一边思考、调整、总结，多去想想这个事情好的那一方面，不要有任何顾虑，不要管它会碰到什么，你只管继续深入就行。

即使最后失败了，你也一定会有意想不到的收获。停止过多思考和顾虑，立即行动是最有效的方法。

只要行动，必有所得！最后，把陈文茜老师的话送给大家：

我们已不再年轻，至少我们应该理解：风起云涌的世界，从不等待犹豫不决的人。我们可以选择停留，但其他的人会选择奔跑，而世界在他人的奔跑中，无意间已改变了样貌。

我们可以选择停留，但其他的人会选择奔跑，而世界在他人的奔跑中，无意间已改变了样貌。

我们已不再年轻，至少我们应该理解：风起

云涌的世界，从不等待犹豫不决的人。

帮你背负枷锁的人

每个家庭都有一把生活的枷锁需要背负，成家之前是你的父母，成家之后需要接过那把沉重生活枷锁的人是你。

在我的成长过程中，帮我背负枷锁的人是我的父亲。

很多小孩子的成长过程中都有父亲的陪伴，但是我没有。从我记事起，父亲就一直在外地打工，只有过年的时候才会回来。小学、初中、高中，一直到我大学毕业他们才没有外出打工。童年的记忆中和父亲一起走路，总是喜欢让父亲走前面我走后面，然后我就踩住父亲的影子，以为踩住了父亲的影子就踩住了父亲。可是每当踩住了那高大的影子，又不见了自己的影子。殊不知自己的影子又融入了父亲那又高又大的影子里。

小时候家里经济状况不好，经常需要举债才能维持生计。但是不管家里穷到什么地步，我和弟弟每年过年都会有新衣服穿。我们当地流行的谚语：“大人望插田，小人望过年。”父亲不会让我们对过年失望，而他自己过年则很少穿新衣服，都是挑着之前还比较过得去的旧衣服过年。

那时候，没有手机，没有网络。在外地和家里人联系的唯一方式就是写信。父亲每个月都会写一封信给母亲，信会邮寄到我的学校，然后由我作为小“邮差”带回家给母亲。每次收到信的那天，都是我们全家最开心的那天。母亲不会写信，只会看信。在煤油灯下面，一遍一遍反复地看，直到纸张发黄发皱才心满意足地装进信封，放回抽屉保存起来。长年累月下来，这些信有满满几个抽屉。小时候，因为好奇曾经拆开父亲的信看过，无非都是那些“儿孙自有儿孙福，不要操心太多”“老板涨工资了，我在这里吃得好，穿得暖，就是好想你和孩子们”“孩子们都还好吗？”“老陈今天回老家，我托他带这里的特产给你和孩子们”。有一次父亲捎信回来，我当时正在上体育课，玩疯了，胡乱把信往课桌一塞，然后放学后去找信，完了，信不见了。因为怕挨打，又重新找了几个小时还是没有找到。天黑到家，母亲问我为什么那么晚才回来。我告诉她后，她又打着手电来学校找。操场、教室甚至来回的路上找了几遍都没有找到。失望而归，我那几天都不敢大声和她说话。直到几天后后排的同学在课桌抽屉最里面的角落发现了一封信，我才知道我塞到别人的课桌里面了！小时候无法理解父辈的情感，也总是对母亲对信件的痴迷感到不解。后来学了杜甫的诗，“烽火连三月，家书抵万金”，才真正明白其中道理。

高中时候住校。父亲在外地打工。有一次我的考试成绩很差，我心情低落，万念俱灰，想要打电话跟父亲说说话。那时候没有手机，买张电话卡在电话亭打给父亲的老板，然后让父亲接电话。“肖卓啊，有事吗？我刚下班。”“爸，没事。就是很久没有打给你，想听听你的声音。”父亲说话有一个固定模式，每次都会说在干什么，吃饭了吗，记得在外要注意身体不要感冒了。但是他这次没有用这个模式，在话筒那边怔住了，好久没有说话，然后过了一阵子哽咽着断断续续说：“你妈说让我明天再给你打 800 块钱，湘阴的冬天太冷了，多买两套保暖衣服，学习的时候千万不要冻着了，路边摊的东西少吃，不卫生，没钱了就打电话给我……”挂完电话后，在湘阴 12 月北风呼呼寒冷的夜里，我满脸眼泪鼻涕哭成了傻子。

大学每年暑假都要去父亲所在的地方打工，那几年的记忆留给我最深的就是广西柳州的火车站。打完暑假工回长沙需要从南丹县坐汽车返回柳州，然后从柳州坐火车回长沙。每一次都是父亲陪我回柳州，然后我一个人回长沙，他一个人折回南丹。大二那次，火车票是晚上 9 点多，我和他在车站附近找了一个餐馆，我点了一个面，他点了蛋炒饭。老板给了我们每人一双一次性的筷子，我的那双筷子是断裂了的，我叫老板给我换一双，因为生意太好，老板也忙不赢换。父亲说没事，我和你换吧，然后他用那双断裂的筷子把蛋炒饭吃完了。吃完后，我和他说：“爸，你等下找个旅馆休息一晚，回南丹的车已经没有了，明天再回去。”他说：“没事，我会安排好的，你不要操心。”上火车后看着父亲挥手的身影在星光斑斓里消失成一个圆点，火车慢慢驶离灯火璀璨的城市开向陌生黑暗的旷野。我知道父亲不会找旅馆，为了省钱他会在车站坐一夜。

孩提时最期待父亲的礼物，其实它是在火车上拥挤的人流、恶臭的厕所，站立十几个小时夜不能寐的情况下提回来的；父亲工作的环境，如不戴口罩就会吸入大量的木尘；父亲每次想对我好都会以母亲的名义来传达，而这些我都不知道。我年幼时以为的超人，其实他就是生活在社会最底层的平凡人。

每次参加婚礼，我认为最有意义的一个仪式是新娘挽着父亲的手，然后父亲把新娘的手交给新郎，表示这个女儿我照顾了二十几年，现在你代替我照顾她，一定要好好对她。婚礼中最最难过的是新娘的父亲。去年底参加堂妹的婚礼，平时坚强的大伯在场上哭成了泪人，哽咽着在台上说不出话。那是我生平第一次看到大伯哭。父爱深沉，极少用言语来表达他的情感，只会用真实的行动来捍卫他对孩子的爱。他的爱不如母爱那么体贴入微，但是随处可见。父爱如山，默默地、稳稳地用他宽广的胸膛包容山里的一草一木，一切生灵。再高再大的山，都会套上生活的枷锁。

那把生活的枷锁：

是因常年体力劳动而变形的双手上厚厚的茧子；

是终日“面朝黄土，背晒青天”耕作的田野；

是每天扛包负重压得血肉模糊的肩膀；

是讨要生活遭受的白眼和嘲笑；

是一次次想要放弃而不得不坚持的信念。

父亲不会理会枷锁是什么，哪怕是整个世界，他都会为我们扛下。哪有什么岁月静好，不过是有人替你负重前行。

2008 年 8 月 27 日 9 点 25 分柳州到长沙的那一张车票，至今我都放在钱包里。每当看到它，就像父亲挣脱岁月的束缚，从风雨里走来，洗净我的尘埃。岁月，请你善待父亲。

你只需对自己负责

今天是高考的第一天，开车上班的时候听到收音机的广播在说高考爱心车队的事情。公益爱心助考，然后交警实行交通管制，考区附近不准鸣笛，考场周围实行了信号屏蔽，确保了高考的公正公平性，体现了社会对高考学子的人文关怀。高考似乎成了一场“全民运动”，牵动整个社会的心。

考大学的压力，堆积如山的资料和各种模拟试卷，像石头压得人喘不过气来。许多学生背负了家长的大学梦想、老师的升学率、自己改变命运的机会，甚至整个村子要出一个状元的期望，因此失眠抑郁，神经衰弱，有的学生背负不了巨大的压力甚至选择轻生。北京大学曾经做过调查：每五个中学生中，就有一个想过自杀。高考究竟对我们意味着什么？难道真的这么重要吗？

记得高二的时候，有个同学大家都叫他凯哥。他学习成绩不好，一直无心上课。巨大的学习压力压得他天天想逃跑。后来有一天他终于鼓足勇气和他爸爸说：“爸，我不想读书了，我想去打工。”他爸沉思了一下，就满口答应了！简直出乎意料。他爸把他带到了一个工地，说：“我赚钱养家也很累，正好你还可以帮衬，你先在这里干着吧。”然后他听那个工头吩咐做事，每天钻孔、打墙、搬运建筑材料。第一天的时候，双手磨出了血泡，肿了，手掌无法紧握。晚上回到家，脱了衣服，衣服上一层白色的粉，舔一舔，咸的，原来是盐，是大量出汗，衣服湿了又干、干了又湿留下来的盐。他连续坚持了 10 天，终于坚持不下去了，对他爸说：“爸，我还是想要回去读书。”他爸笑了笑：“回去吧，你想清楚了就好！”后来凯哥像是脱胎换骨了一样，发奋学习，成绩慢慢变好了。一直到高考，最后考上了名牌大学、研究生、博士。他爸对他的学习也从来没有操过心，总是那一句话：“你想清楚了就好！”后来凯哥回顾往事的时候和我说：“多谢那一段工地的经历，如果没有那一段经历，我也无法知道父辈的艰辛，无法知道真实的社会，不知道还要荒废多少时光。”

我们这一代的学生高考，注定背负的意义太多。母亲给孩子报十几个课外班，买各种补脑的补品，专门租房子陪读监督孩子学习，高考期间家里做最好吃的东西给孩子，生怕孩子没有休息好，说话语气都特别小心翼翼。父亲专门开车送孩子去高考，母亲在高考场外炎热的太阳中等候。场外的母亲穿上旗袍，寓意“旗开得胜”。好像改变命运的机会只有通过高考，高考是全家的希望。这样，真的有必要吗？无非是给孩子增添压力而已！很多人当年的高考像是一颗埋藏多年的毒药，每每回首往事时还会反复刺痛，胆战心惊。

龙应台对安德烈说过一段话："孩子，我要求你读书用功，不是因为我要你跟别人比成绩，而是因为，我希望你将来会拥有选择的权利，选择有意义、有时间的工作，而不是被迫谋生。"努力读书的话就会有更多的选择，看到更大的世界，不努力读书就只能被迫谋生，局限在很小的圈子里。

努力和不努力不是家长的事情，不是老师的事情，而是孩子自己的事情。父母当年的遗憾，老师当年的遗憾，家族当年的遗憾，那只是他们的遗憾，和你没有关系，你需要做的只是对自己负责。

带着信念，在撕裂中继续前行

勇哥是高中宿舍里睡在我上铺的兄弟，我和他兴趣爱好差不多，家庭条件也差不多（一样的拮据），一来二去我们就成了无话不谈的好基友。我们打篮球一起，复习功课一起，连课间上厕所也一起去。他学习成绩在全班五名之内，天资不算好，却是很努力的。有一次勇哥上完课后，忽然消失了。两天后，他出现在宿舍，躺在床上。我问他去哪里了，他神情恍惚，眼球布满血丝："我爸出事了！从工地摔下来，断了几根肋骨，正躺在人民医院。"我惊讶得睁大了眼睛："没事吧，谁在照顾呢？"他降低了音量有点哽咽，激动而又故作平静地说："没事，就是以后不能做重活了，我妈请假在照顾呢。"我还想问几句，可是他扭过了头，不知道他是想擦眼泪还是干吗，于是我也就没有作声。

后来勇哥就喜欢独来独往，一个人闷着。我知道他心情不好，就没有多去打扰他。转眼高二进高三，勇哥像是着了魔，发了疯一样地努力学习，成绩一下子突飞猛进，挺进全校前3名。有天晚上我口渴难受从睡梦中醒来，下床找水喝的时候，我发现勇哥的被子有微弱的光线。我把他的被子掀开，原来他蜷缩在床上打着手电在看书！“你疯啦！都凌晨3点了,还不睡！”他憨憨地咧嘴笑笑:“就睡，就睡，看完这道题。”

临近高考的一个周末，只有我和勇哥在宿舍。勇哥在看书，我无聊得很，就找他搭话:“你小子，怎么一下子这么用功啊，成绩喜人啊！”他合起书，沉思了一下:“我拿个东西给你看，你不要和别人讲！”他从枕头下翻出一封拆了的信，是他妹妹栀子写给他的。那时候没有手机和网络，两个人联系主要靠信件来往。信的纸张很潮湿，字体非常娟秀。很多家长里短的内容我不太记得了，只有一段话记忆非常深刻，因为这段话深深刺痛了我。“哥，你知道吗？爸不能工作，而妈靠洗碗赚的钱，实在太微薄。我们家里的条件，只允许供一个人读书。如果只能有一个人，我情愿那个人是你。所以我故意上课闹事，让成绩下滑，主要是不想让爸妈为难。你高考一定要加油噢，连同我的那一部分，一起加油！”收起信，我已经泪流满面。栀子成绩很好，年年都是全校前3名，为了这个家庭，初三毕业就没有再读书了。我们两个人都沉默了，因为这封信实在太沉重，说任何话都怕玷污它。过了很多年之后我才明白，为什么那封信的纸张那么潮湿，我想一定是勇哥一遍一遍看那信时掉在纸上的泪吧。

高考前一天，我们都没有住到宿舍，因为怕同学太吵，影响睡眠质量。我们都是单独睡在学校外面的旅社。考完试后的那天晚上，我看到勇哥灰头土脸的，丢了魂似的。原来他因为长期缺少睡眠，闹钟响了没有听到，错过了第一堂语文的考试！接下来的数学、英语、综合更是没有心情。高考完班级同学聚会那天，他喝了很多酒，醉得像死狗一样。

大学我和他在一个城市，但是没有在一个学校。勇哥在一个专科学校读书，日子还是过得很朴素，还是很拼。不谈恋爱、不参加同学聚餐、不买新衣服，甚至大学生人手一个的手机都没有。我找他，只能去他宿舍等他。是啊，栀子打工赚钱供他上大学，他怎么忍心花费？他的宿舍到处是书，只要能想得到的证书，他都考了，年年拿国家励志奖学金，在他们系里面小有名气。

后来我们各自的事情多了起来，联系少了，只是偶尔在网上聊几句。后来听闻了一个栀子的噩耗，她在送外卖途中，被车子撞死了，司机肇事逃逸。我无法想象勇哥当时是怎样的撕心裂肺。后来就再也没有见过他，曾经翻开他的 QQ 空间看到他写过一句话：“我喜欢你是寂静的，仿佛你消失了一样，遥远而忧伤。”

他大学毕业后，就进入了一家美国公司，从实习生一路过五关斩六将拼到了现在的总监位置，全家已经搬到了美国。去年清明节的时候，我看到他在微信上面发了一句话：“你的坟头上开满了细碎的勿忘我，在微雨的清晨，我穿过蜿蜒的小路而来，手里拿着一束栀子花，在你坟前默默伫立着。栀子，天堂是否安好？”然后配上了自己在美国金门大桥下面的照片，蔚蓝的海岸线。

我在微信上面问他：“你累吗？这么拼。”他说：“累又有什么办法呢，我不是一个人活着，我还背负了栀子的信念。我亏欠栀子的，今生今世都还不了。逃到美国，就是不想再知道高考，不想再触碰伤心之地。我现在唯一能够做的努力，无非就是活成她期望的样子。”

我想如果重新再选择一次，或许结局会不太一样吧。无论谁亏欠了谁，血浓于水的亲情，又怎么能够算得清？只是那一年的高考和栀子紧密地联系到一起，像是一块永远不会愈合的伤疤，稍微触碰就会隐隐作痛，继续溃烂，只有带着栀子的信念，在溃烂和撕裂中继续前行。

You're just pretending to be very hard

Part 3 永不停步，只为遇见更好的未来

命运靠自己转弯

美国有个学者说过这样一句话：一个国家，一个社会，什么人都可以坏，但有三种人不能坏：教师、医生、法官。教师误人子弟，医生草菅人命，法官破坏公平。这三个人坏了，社会就坏了。

高中时，我也遇到过三位坏老师。其中一位是我的体育教练，蒋老师。高二的时候想要冲击重点大学，于是就报名参加了体育特长生培训。坚持了几个月，发现自己没有体育方面的天赋，而且每天既要训练又要上课，文化成绩下降得厉害，跟腱又拉伤了。所以我就和教练说要退出体育队，教练死活不同意。因为我个子有一米八几，体育随便选几个项目就可以上线，而且我又是实验班一班的，文化成绩不错，考上本科体育专业问题不大，我是蒋老师完成学校考核他绩效工作的一个得分点。

那时候我年轻气盛，也不管他同意不同意就没去参加训练，后来就惹怒了他。高二进高三，摸底考试，因为参加体育训练的原因，我的成绩掉到了 100 名开外。于是蒋老师联合班主任周老师、教务处李主任，把我和另外一个同学 L 调到了最差的班级。然后和我们说：这只是暂时的安排，你们下次月考进了前 50 名，我们马上把你们安排回来。

面对陌生的同学和慢了一大截的课程，L 回宿舍哭了几个小时。我安慰他说：“没事，我们努力学习，一个月就回来啦。”

于是我们卧薪尝胆，相互监督和鼓励，每天很晚才睡觉，把黄冈和龙门密卷做烂了，终于到了第一次月考。我们两个都挺进了全校前 50 名。我们觉得自己终于可以扬眉吐气了，还没有等到我们找李主任，他就先找到我们。在他办公室，他一脸恶相，唾沫星子都飞到我们脸上：“以前我只是觉得你们成绩差，没想到你们品格也差！你们居然敢作弊，你们怎么敢作弊？”我们耐心解释，他冷笑地看着我们,直接给出了证据。我们的数学成绩一样,有一些题目，错得也是一样的。我们愣在原地，居然没有想到反驳的话。

然后李主任把我们的“无耻行为”公布在校门口的小黑板上，还要我们写检讨书。

此事过后，很多同学都用异样的眼光看着我，昔日看到还打招呼的朋友，都刻意避开我们。我那时就体会到了一个道理，你真正是什么人并不重要，大家觉得你是什么样的人你就是什么样的人。但是我们没有气馁，我们要用成绩狠狠地砸他的脸！第二次月考，我们考试犹如神助，题目简直太简单了嘛！考完我们两个沾沾自喜。后来我们的新班主任刘老师告诉我们，这次普通班和实验班的考题不一样，普通班的简单很多，以后都会这样出题。我们马上找到李主任，李主任不同意把我们调回实验班。后来实验班一个哥们儿告诉我，高二进高三，班上新来了两位同学。一个是周老师的亲戚，一个是李主任朋友的儿子。于是我终于看明白了，原来这是一场精心策划的骗局，我们要回实验班根本不可能！要证明我们没有作弊，也没有机会！

我想就算我们再努力，也改变不了命运，于是我就堕落了。抽烟、喝酒、赌博、网吧通宵、早恋、打老虎机、打桌球，不做作业，不看书。成绩下降得飞快，英语听力我好像只能听到"hello，byebye"的无限重复，完全听不懂了。晚自习我一般不去上，经常跑去学校隔壁小区保安亭和保安唠嗑。

一次那个经常和我唠嗑的保安不在，碰到一个凶神恶煞，脸上有刀疤的保安。我很怕他，听说他砍过人，坐过牢。但是实在无聊，于是我递根烟给他，小心翼翼地问："大叔，你真的砍过人吗？"他瞪大眼睛，我的心跳加速。他喝口水说："是的，我确实砍过人。不过那个人是垃圾，我爸做生意高利息借了他的钱，生意亏了，暂时还不上。他跑到我家搬走家里值钱的东西，把家里砸得稀巴烂，打伤我爸和妈，侮辱我爸，还扬言再不还钱就要灭了我全家。我就拿起菜刀砍了那个王八蛋。后来我坐了6年的牢。出来后，上班的单位都不要坐过牢的，于是我只能干点零碎的活和摆个地摊养家。不管怎么样，我是父母唯一的希望嘛。”

他冲我嘿嘿一笑，从布包里拿给我一小袋饼干。我顿时感觉他一点都不凶了。于是我就把自己的事情向大叔倒苦水一样倒了出来。

大叔说：“人生很多事情是我们不能改变的，这叫命。但是我们可以改变自身某些心态和习惯，会遇到新的机会和新的人，这叫运。别人怎么看你和别人怎么对你，这是你不能改变的。你只能靠自己的努力，让自己的命运一点一点开始转弯。”于是我恍然大悟，回到学校又重新拾起丢弃的课本，还有新班主任的开导和鼓励。一直到大学毕业到现在，我都不曾放弃成就更好的自己。离开老家后，再也没有见过大叔。听说大叔现在也已经有了一间属于自己的餐馆，而那个体育教练因违纪被学校给辞退了。

Fabre 曾经做过一个松毛虫的实验，把许多松毛虫放在一个花盆的边缘上，使它们首尾连一起围成一个圈，在花盆周围撒了一些松毛虫喜欢吃的松叶。松毛虫开始一个跟着一个，绕着花盆的边缘一圈一圈地爬，一小时过去了，一天过去了，两天过去了，这些松毛虫还是夜以继日地绕着花盆的边缘在转，几天之后，它们最终因为饥饿和精疲力竭而死去。

Fabre 在做这个实验前曾设想：松毛虫会很快厌倦这种毫无意义的绕圈而转向它们比较爱吃的松叶，遗憾的是松毛虫并没有这样做。人的命运如同这松毛虫一样，如果维持自身养成的习惯和观念，就难逃命运的魔爪。这种所谓的惯性决定了命运的轨迹。想要改变结果，就要改变轨迹。想要改变轨迹，就要改变你的“惯性”。人生不是一场物质的盛宴，而是一次灵魂的修炼。那些因为努力而走错的路，流下的眼泪，滴下的汗水，留下的伤疤，全都让你成为独一无二更好的自己。

命运转弯，要靠自己！

这两个字，有钱你买不到

小时候看过一个故事，说的是一个富翁天天过得非常不开心。他的隔壁住了一个一贫如洗的鞋匠，而鞋匠家里欢声笑语不断，没事的时候一家人就聚到一起愉快地唱歌。于是富翁的妻子就非常羡慕鞋匠一家人：看人家过得多么快乐啊！

富翁答道："我有办法让他们不快乐。"

当天夜里，富翁背了一袋子钱，丢到了鞋匠的家里。从这天起，富翁就听不见鞋匠家的歌唱和欢笑声了，鞋匠夫妻俩每天想的是丢钱的人找上门来怎么办，藏钱的地方会不会被人发现，穷亲戚知道自己有钱后找自己借钱怎么办。这些钱怎么用，夫妻俩也总是闹矛盾，一家人过得非常不开心。

我当时看到这个故事只是一笑而过，后来才慢慢悟懂其中的大道理。很多人觉得自己不快乐的原因就是没钱，可是你有钱了就真的会快乐吗？其实不然。几年前老家的政府突然宣布要建一个国际旅游度假村，家里的土地和房子都要被征收。拿到钱后的村民马上开始买房买车，翻身农民把歌唱，过起了富人生活。

人性的丑恶和贪婪也在金钱的驱使下展露无遗。不到几百人的村庄，频频出现惨剧。几个儿子为了争夺父亲的征地款，逼得年迈的父亲喝农药自杀。因为老人有征地款，老人几个子女都不赡养老人，老人只得一个人过起独居生活，病倒在家也无人知晓。兄弟间经常怀疑父母亲的征地款给了其中一个人，闹得几十年血浓于水的亲情化为灰烬，兄弟姐妹变得仇深似海，老死不相往来。

有的人得到了钱，马上去赌博，一夜之间输个精光，倒欠账几十万。有的人拿着那份钱寻找刺激，去吸毒，毒资散尽后，就靠从事违法勾当来维持自己的毒瘾。有的人为了征地款在几天内结婚，然后又因为不合适在婚姻内痛苦挣扎而不得不离婚。就连我自己家里，因为经济变好，母亲和父亲两个人的争执也渐渐多了起来。整个村庄的人都渴望得到那一份征地款，可是得到后又似乎过得并不快乐。

一个笑话：屎壳郎说我要是发财了，我就雇一个活人天天吃新鲜的粪便；乞丐说我要是发财了，我就包下整个一条街，全部由自己乞讨；饿汉说我要是发了财，我一定要餐餐吃包子！很多人的思维有局限性，得到巨款后会过在自己局限性思维下曾经无限向往但没有办法过的生活。然后人性的恶，流出体外。

人性中的某些弱点好像是一只猴子，在贫穷、内心没有安全感的时候，猴子会禁锢在某个地方，展现善良、淳朴、快乐的一面。当变得富裕、内心有安全感的时候，那只可恶的猴子就会出来作恶，变得贪婪、奢靡、骄横。

叔本华说人生最大的痛苦，一是欲望无法满足，二是欲望得到了满足。很多人在得到一笔巨款之后，会马上遗弃自己的伴侣，对别人也不再友善，过上纸醉金迷的生活，随着边际效益的衰退，只剩下无尽的空虚和痛苦。

赌王何鸿燊白手起家挣下巨额家产，因一个“钱”字导致家人反目成仇。马云作为中国首富后并不快乐，他说自己最快乐的时光是十几年前，月领人民币 90 元的日子。非常多的有钱人，长期焦虑失眠，看见床就恐惧，只得跑去印度的瑜伽学院学睡觉。我认为每个人都有自己驾驭金钱的能力，而这个能力随着自己内心的成长和阅历的增加，会变得越来越强大。在这个能力范围之内财富越多越快乐，超过能力范围，只会徒增痛苦。

虚云法师说：“年轻就发财，就得势，是不吉祥的。”说的就是这个道理。

林语堂说：“这个世界，快乐往往须从反面看出来，无忧愁，不受欺凌，无病无痛便是快乐。我所认为真快乐的时候，例如，在睡过一夜之后，清晨起身，吸着新鲜空气，肺部觉得十分宽敞，做了一会儿深呼吸，胸部的肌肤便有了一种舒服的动作感觉，感到有新的活力而适宜于工作；或是手中拿了烟斗，双腿搁在椅上，让烟草慢慢均匀地烧着；或是夏日远行，口渴喉干，看见一泓清泉，潺潺流水声已经使我觉得清凉快乐，于是脱去鞋袜，将两脚浸在凉爽的清水里；或是一顿丰盛餐饭后，坐在安乐椅上，面前没有讨厌的人，大家海阔天空地谈笑着，觉得精神上和身体上都与世无争。”

很多时候，我们都有一个美好的田园梦，向往从容、安逸的生活，不想做欲望的奴隶，拼杀在是非名利中，但现实中的我们却无法躲进与世隔绝的桃花源。迫不得已也好，欲罢不能也好，欣然前往也罢，职场人生忙忙碌碌，这就是我们的宿命。适度的欲望，能力范围内的金钱，就是温暖的人间烟火。

有钱买不到快乐，金钱带来了体面，同时也给你套上了枷锁。有了单车想买摩托，有了摩托想要汽车，有了汽车又想要私人飞机，能力终究跑不过欲望，物质也许能带来一次次短暂的愉悦，但是绝对不会持久。你占据的东西，它也在占据着你。

钱没有错，错的是人。

你什么都没有，我凭什么要帮你?

记得一个段子。一名虔诚的基督徒每天都会向上帝祷告，而他每天祈祷的内容就是：上帝，请保佑我中一次彩票大奖。可是他一直都没有中奖。到他第一万次祷告的时候，上帝终于出现了。上帝恶狠狠地对他说："你祈祷了一万次，你倒是去买一张彩票啊！"现实生活中自己什么都不想做，每天盼望着天上掉馅饼的人，比比皆是。

记得小时候家里盖房子，需要借 5 万块钱。一天傍晚吃过晚饭，父亲和母亲分头出去借钱。到了晚上 10 点多，父亲回来了，借到了 4 万块钱。可是母亲一直等到晚上 12 点才回来，却没有借到一分钱。父亲问母亲是怎么借钱的，母亲回答："我就说我家里需要 5 万块钱盖房子，你可以帮帮忙借给我吗？有钱了一定马上还！"父亲大笑:“你知道我怎么借钱的吗?我说我家里盖房子需要5万块钱,已经借到了4万了,你可以借给我1万吗?我家里建好房子摆完酒席收的礼金马上还给你。”其实母亲和父亲表达的意思差不多,但是结果却有天壤之别。别人借钱给你,不会看你要什么,而是看你有什么。你有没有具体的还钱计划,你有没有还钱的能力?所谓借急不借穷,就是这个道理。

记得以前有一个大学生创业团队,做互联网APP项目的。他们介绍给我他们的项目,说得我热血沸腾。

最后他们央求我介绍一个老板投资他们,我想都没想就答应了。不到两天就找到一个大老板,引荐了他们见面,见面后大体都谈得差不多了,大老板最后问了一个问题。他说:“你们团队现在还缺什么?”其中一个年轻的合伙人自告奋勇答道:“我们还缺一个很牛的工程师和有丰富经验的财务。”大老板顿时脸色阴沉,最后敷衍了几句就不欢而散了。

回去的路上,我私下问大老板:“他们不行吗?项目好像还可以啊?”大老板说:“我不看好,自己的团队人员都没有完善,产品还没有雕琢好,就急着融资。这样的团队,撑不到两年。”后来他们又持续找了几个人融资,但是没有人肯投资给他们。果然,不到一年的时间,团队就解散了。马云说过,他非常羡慕小而美的公司。我也很喜欢小而美的公司,但是我们很多团队,在自己的公司还小而烂的时候,不去打造成一个小而美的公司,而是急着融资。心里急着套现,急着当上总经理、出任CEO、迎娶白富美、走上人生巅峰。

这简直是作死。你一个创意就想着别人投钱给你，你以为投资人都是猪？你什么都没有，我凭什么要帮你？

记得公司开招聘会的时候，我遇到一个奇葩。我们招聘会连续开了三场，他每场都来面试，每次我都把他筛出去了。他来了几次，可能想要用诚意感动我。我和他说："你 PPT 不会、Office 不会、英语不会、写文章不会、普通话不标准，我们公司肯定不会聘请你。你先去把这些学会了，再来参加面试吧。"他说："我会边上班边努力学习的，您给个机会吧。"既然我招聘的别人会而你不会，我干吗要聘请你而辞退别人呢？我作为面试官，肯定要为公司负责。难道因为你长得好看，因为你感动我，而聘请你？我给你机会，公司也不会给我机会啊。高铁研磨师宁允展先把高铁零件精准到 0.05 毫米（相当于一根细头发丝），而成为代言"大国工匠"的唯一一个高铁研磨师，国内做到此事的只此一人。张小龙竭尽全部心血打造 Foxmail 邮箱卖出 1200 万的天价，继而被马化腾看中成为现在的微信之父，打造市值 5000 亿的微信帝国。

我们打开微信看到蓝色星球外面的那个小人就是他。

马云找到孙正义投资 4000 万美元的时候，已经把公司做得相当强大，而且刚刚完成一轮融资。你真的以为马云只有一个创意，孙正义就投资几千万美元？

当你需要埋头努力的时候，不要老想着别人有什么，多想想自己有什么。在你成功之前，还是先把自己编织成一段精美的绸缎吧。因为，别人不会雪中送炭，只会锦上添花。

世界上最长的路，永远是套路！

有一个僧人，去到一座山上，发现山上的寺庙很破烂，这时候他有一个想法，他想重新修建这座庙宇。别人告诉他，和尚，你信佛太久，不懂世间的套路，整体施工建造最少需要八百万呢。和尚说："我没有钱。"别人说："那你先去筹集这些钱，不然就别白日做梦了。"和尚还是坚持自己的心愿：我只是想建一座庙，我没有别的想法。

他只有一个心愿，没有什么套路，于是就住到了山上。自己搬运建筑材料建庙，奇怪的是帮他的人越来越多，而且都是当地最有钱有势的人。现在庙已经建起来了。后来他又想建一个更高大、更辉煌的大雄宝殿，别人又告诉他套路，大雄宝殿和你之前建的庙可不是一个概念，你必须先筹集至少 5000 万的资金。和尚还是只有心愿，没走套路。建更大的大雄宝殿要把原先最旧的庙宇一起拆掉，结果拆了很多上千年的古木，木头很值钱，他就想这些古木听佛经都听了上千年了，要是做成古琴岂不是更好？然后马上就有一个大佬给他投资，让他做成古琴。卖掉古琴后，一座气势辉煌的大雄宝殿拔地而起。

这是我听到的一个真实的故事。现在这个庙宇还非常鼎盛，来烧香的善男信女络绎不绝。试想一下，如果那个僧人听信了套路，先找别人筹集那八百万资金，别人会怎么想？又来了一个骗钱的假和尚！心灵纯净的僧人，想事情很简单。想修建寺庙，就去背石料、运木材，就是这么简单。别人看到他有做这个事情的决心，就纷纷帮他，并不是什么都必须用别人的套路才能达到目标。

去年非常火的电视剧《虎妈猫爸》，黄俐打败毕胜男的一件事情就是把领导的儿子安排去了一个重点中学读书，她称自己有过硬的关系。懂套路的人都认为这件事情很难，必须要认识某某教育局局长才行。后来被别人拆穿骗局，黄俐只是按照正常渠道去报名，领导儿子本来就比较优秀，获得了很多比赛的奖项，所以报名简直是轻而易举的事情。

当我开始在微信上面写文章的时候，别人告诉我要懂套路，必须认识某某大号平台的编辑，让他们发表我的文章。可是我不认识啊。难道我不认识就不写了吗？我当时没有太在意别人的套路，毅然开笔。当我写到第 23 篇的时候，很多大号平台就转发我的文章，阅读量一下子上了好几百万。我现在非常庆幸，当初没有听信别人所谓的套路。

我们在日常生活中，经常被一些所谓的套路陷住腿脚，蒙蔽眼睛。你想做点小生意，懂套路的人告诉你必须要做到一级代理，拿到一手货源。你想创业开公司，懂套路的人告诉你，你必须有丰厚的人脉资源，拥有雄厚的资金。当我们想做一些事情的时候，总是有一些“前辈”跳出来告诉你所谓的套路，然后你就轻易相信别人所说的那些套路，被自己心中的假想敌给打败。于是你在别人蜿蜒崎岖的套路上越走越远，甚至终生苦苦不得抽身，一事无成。世界上最长的路，永远是套路！

华为没有听信别人必须上市的套路，现在牛到相当于几十家上市公司的总和。海尔没有听信别人不能在美国建立工厂的套路，现在国际化战略的项目推进得越来越稳健。张小龙没有听信别人不能触及移动公司利益的套路，现在碾压传统通信公司，一手缔造了微信市值5000亿移动社交的帝国。

人生没有什么人是不可替代的，没有什么东西是必须拥有的，没有什么套路是必须走的。如果你有一件事情让你心神向往，心花怒放，那么去做就是，不要在乎被人说的那些套路，从你开始的那一秒，全世界都会给你让步，全宇宙的资源都会向你敞开。

人生没有什么人是不可替代的，没有什么东西是必须拥有的，没有什么套路是必须走的。

我们总是要看完别人的人

生，才会明白一些道理。

有一种生活方式叫向死而生

参加朋友的葬礼。三十多岁的他长期熬夜、吸烟、打牌、奔赴各大酒局。有几次他喝酒胃出血，他妻子打电话给我，一起把他送去医院。每次劝他，都是说因为工作应酬需要，没有办法。我说如果工作需要伤害身体健康，不如趁早换一个！他也总是说上有老下有小，换了工作工资没有这么高，坚持两年再换吧。后来我就没有再劝他，也很少有机会和他碰面了，直到半年后他查出患了肝癌晚期。去医院看他的时候，他的体形暴瘦，蜡黄的皮紧包着骨头，两眼无神。什么东西都吃不了，只能吃点流食，再过半年溘然长逝。

留下年幼的女儿和年轻的妻子、白发苍苍的父母。葬礼上一家人缟素散发，抱团恸哭。哀乐齐奏，炮仗共鸣，全场人不禁潸然泪下，下葬的时候父母更是呼天抢地。见此场面，我也忍不住为之心头颤动。上香的时候心中反复默念着“一次焚香泪满盏，庭前无复见亲颜。愿将香烛通天界，可得音容下酒泉”，终究还是忍不住掉下泪来。

一年后的清明，细雨绵绵，我给他扫墓。停车，上山，路上冷寂无人，山丘被雨水刷新，流岚静默，松柏葳蕤而庄严。我半途遇到了一个墓地管理员，叫袁师傅，打着黑色的长把伞正在巡山。因不知道怎么走，我恳求袁师傅带路。袁师傅很健谈、古道热肠。我们在细雨中穿过蜿蜒的小路。最后，袁师傅把我领到一块墓碑前。我拿着鲜花，在他坟头默然伫立。上香、鞠躬完毕后，返回。途中，袁师傅指着一块块的墓碑向我介绍。

“这是一位亿万富翁。生前省吃俭用，勤勤恳恳。死后三个儿子争夺家产，闹得不可开交。”

“这是一位老教师。生前教书育人，桃李满天下。每年清明节来扫墓的学生，络绎不绝。”

“这是一位千万富翁。因为包养小三生了小孩，葬礼上老婆家族和小三家族大打出手，闹得下葬都不安宁。每年扫墓的人都没有，都是我帮他扫扫枯枝败叶。”

“这是一个为了救溺水的小孩而不幸身亡的英雄战士。每年市民送的鲜花，都挤满了隔壁墓碑。”

“这是一位慈善家，受过他资助上学的学生，很多人每年清明节都在这里聚首。”

“这是……”

说的人云淡风轻，听的人川渟岳峙，心情五味杂陈，像是被什么猛地当头一击。我想如果我即刻死去，可以在滚滚历史长河中留下什么东西？无非是一抔骨灰吧！辞别袁师傅后，我想明白了很多。韶华易逝，趁着有限的时间，还是做些有意义的事情吧！岁月滚滚向前，失去的永远不再回来。我们似乎很忙，忙碌着工作，忙碌着生活，忙碌着老去。日子这么滚烫，你可曾戚戚于心？我不觉得一个人的心智成熟是越来越宽广涵盖，什么都去尝试。相反，我觉得它应该是一个逐渐剔除做减法的过程。

知道自己应该做的最有意义、最重要的事情是什么，不重要的是什么。而后，做一个简单的人。让我们回归个人的独立观察和思考，回归对信仰的崇敬、对创新的尊重、对智慧的仰慕、对勤恳的坚持，回归真诚、信任、包容、谦虚的朴素价值观。

我们总是要看完别人的人生，才会明白一些道理。那些伟大的思想家、哲学家、政治家、科学家在历史上留下一笔浓妆彩墨，当你逝去的时候，可曾想要留下划过天空时的翅膀痕迹？

当你迷茫时，就去墓地看看吧。因为那里的人曾经走过你现在的路，或许会教你一些道理！这一种生存方式叫向死而生。

成功就是把珠子串连成项链的过程

人生就像是一条连珠的项链，你所经历过的事情就是一颗颗细小的珠子，上帝在某一天会自动帮你把一颗颗珠子连接成一条完整的项链。

一个认识多年的朋友，周末难得约到小馆吃饭。一阵寒暄之后，大家放开矜持，开始天南地北谈起来。偶然提到了创业维艰的话题，坐拥千万身家的他两杯酒下肚，忍不住打开话匣。

21 岁，他大专毕业第一份工作是麦当劳服务员。当时一心向往成为管理层，遇挫后离职。

22 岁，他进了电信增值业务部，正值 sp 如火如荼，作为电信的员工，他为了一份更高大上的工作试图借机进入公司合作单位 sp 公司。

23 岁，他如愿到了深圳，月薪从 6000 元到 8000 元。期间经手 sp 项目、通信系统项目、移动互联网项目、运营和产品项目。

24 岁，在广州水果连锁店创业失败（进行了大量的调研和论证，但是因为物流配送和选址困难不得已而宣告失败）。

25 岁，回到老家，开始以互联网配送为载体的社区快递创业，因为依附着一个大企业，各方关系处理欠妥，失败。财务损失不大，但打击不小。

26 岁，因机缘，撞入玉器行业，在写字楼里面开了一个玉器交友会所，开始仅仅想有个项目打发时间，顺便赚点钱。刚开始经营情况比较一般，后来把店搬上了淘宝，相比其他网店同行进行了细微的服务创新升级，有了正规团队运作之后，业绩慢慢上升，现在每个月稳定有 100 万左右的营业额。他再继续向上游摸索做玉器批发，经常跑到缅甸、越南等东南亚国家拿货，再供货给其他的同行，靠批发走量赚的钱也相当丰厚。

如果没有 21 岁到 25 岁的经历，他 26 岁的发家史简直是白日做梦。首先麦当劳的工作，让他在踏入社会的第一时间，就形成了标准化的概念，学习到了先进的管理制度，这个在他后期管理公司过程中影响巨大。深圳的经历更加重要，公司曾经是国内通信行业的三强，同事素质很高，他们的思维方式，看问题的角度和能力，以及一线城市积极乐观、不靠家族人脉的三观，对一个正值价值观定型期的年轻人影响巨大，还有后来的两次创业失败经历都使其下一次创业避开了很多弯路。你所有的经历都是你宝贵的财富，没有这些经历，创业都无从谈起，何来创业成功？一次一次的经历都是他曾经打磨的珠子，遇到机遇时，上帝会把这些珠子串连成价值不菲的项链。

苹果公司联合创始人乔布斯在读大学时，父母几乎把所有积蓄都花在了他的学费上面。他读书也看不到专业的希望，所以他毅然退学，退学后偶然的机会学习了美术字的课程，他学到了 sanserif 和serif字体,学会了怎么样在不同的字母组合之中改变空格的长度，还有怎么样才能做出最棒的印刷式样。10 年之后，苹果设计第一台 Macintosh 电脑的时候，乔布斯美术字的课程经历刚好派上用场！当年他打磨美术字课程这颗“珠子”的时候，何曾想到有一天上帝会把它和苹果电脑串连起来？当你在展望未来、辛辛苦苦打磨“珠子”的时候,不可能想到这些“珠子”会串连起来,只有那些“珠子”在某一天连接成项链的时候你才会豁然开朗！

你必须要相信现在这些付出血泪雕琢的“珠子”会在你将来的某一天串连成一条无价的项链！

当然，珠子也有好坏，懒惰大意打磨了一颗不好的珠子，整条项链就会失色不少。如果所有珠子都是劣质的，项链也就成了糟粕。

明明是场接力赛你却跑成了马拉松

以前看书的时候，看到一幅幽默讽刺的漫画。图片大意是说有两个年纪相仿的年轻人，站在一条起跑线上，准备跑马拉松。其中一个富裕的年轻人站在父母的汽车上跑完全程。而另外一个穷苦的年轻人，本来就要靠自己跑，身后的板车上却还拖着年老多病的父母。然后心被狠狠刺痛。

人生如果是一场马拉松的话，我们底层穷苦人家出身的孩子，一开始就输在了起跑线上。读书的时候，班上有个男孩 K，是我们当地县城首富的儿子。长得高又帅，篮球打得好，学习成绩又好，人也很好，完全没有公子哥架子。有一次他在篮球场上打球，我站在阳台上看风景。一个女孩指着远处篮球场上的 K 说："我就喜欢 K，有钱又长得帅！" K 是学校很多女孩的暗恋对象，但是他对女孩没兴趣，心思只放在了学习上，每次考试都是全校前三名。受女孩喜欢倒不是我羡慕的，K 每天可以穿不同的鞋子、不同的衣服，而且学习成绩又好，课后他父母又花重金给他请家教充电。这是我真正羡慕的。

K 是班上女孩心中的“王子”，男孩心中的“江湖大哥”。他乐于助人，不仗着有钱欺负同学。有一次我找不到笔，找 K 借了一支笔。我发现那支笔特别好写，特别有档次。不知道是什么笔，上面有一串英文 MONTBLANC。后来我上网去查了一下那支笔，我的个乖乖，一支笔价格差不多要 1 万！相当于我父亲当时工作一年的工资！当时我只觉得心里很难平衡。有钱就是好啊，你拿什么都比不过人家！

后来 K 考上了北大，我们一起去参加 K 的庆功宴。席间我和班主任刘老师说，K 多好啊，我们这些屌丝干一辈子都超越不了人家。老刘扶了扶眼镜，不紧不慢地说：“人生都是你们自己的，干吗和人家比呢！”

我说：“是人就会有接触，相比较是难免的。”

“那你觉得人生是什么？”老刘又说。

我想了想，说：“人生就是一场马拉松，很多人一开始就输在了起跑线上。而跑的过程中，有的人还要拉着板车跑，有的人直接坐着飞机跑，更加不公平。”

我为自己的恰当比喻而沾沾自喜。

“你错了，人生不是马拉松。人生是一场接力赛。你的父辈把上一代的棒子交到你的手里，你要跑好你这场接力赛，然后你把棒子传给你的下一代。不管上一场父辈们接力赛跑得怎么样，这是你无法决定的。你要做的就是跑好你这场接力赛，更好地把棒子传给你的下一代！”

听完老刘的话，我瞬间明白了很多道理。与其羡慕嫉妒别人，不如过好自己当下的生活。有的人一出生就含着金钥匙，那是他们父辈的努力，和他们自身没有关系。有的富人在接过棒子后勤奋努力，比父辈们跑得更好。有的富人骄奢淫逸，在接力赛中甚至把棒子弄丢。有的穷人接过棒子立志改变命运，跑出完美的弧线。有的穷人破罐子破摔，开跑前干脆弃权。我们这一场接力赛才是我们可以决定的。有钱人的努力，我们也不能忽视。

丰田家族的丰田章男把家族的汽车全球销量从 300 万辆提升到接近 900 万辆，利润率直达全球汽车之最。罗斯柴尔德家族的内森把家族打造成当时全世界最富有的家族，站上了世界之巅。洛克菲勒家族的劳伦斯被人称为风险投资之父，把家族推向世界十大最富有家族之一。而穷苦人家的孩子，通过努力改变自己命运的例子也比比皆是。所以我们不能在别人父辈们好的成绩中迷失了自己，而应看清跑道，握紧棒子，接受上一场父辈们接力赛成绩的现状，充分利用现有的资源，去追赶或者超越比你条件更好的人，让你的下一代免于对生活的恐惧，免于对希望的绝望，这或许才是我们努力跑好这一场接力赛的意义！

哪有什么选择困难症，是你贪心太多！

看电影的时候，男主角手持花朵，撕一片花瓣追她，再撕一片花瓣不追她。如此反复，直到撕到最后一片花瓣，明明有了答案，却还是深陷于选择困难症之中。读书的时候，喜欢的女孩不少。因为不知道选择，最后整个大学一直单身。逛街的时候纠结于买贵的鞋子少买几双还是买便宜的鞋子多穿几个花样。因为不知道选择，最后一双鞋子也没有买。买手机的时候，到底是买外形漂亮还是配置强大？因为不知道选择，最后还是用着之前的烂手机。买鸡蛋面还是香菇面？吃火锅还是麻辣烫？去马尔代夫旅游还是济州岛？嫁给有钱的还是帅的男人？我们每天都要做选择，明明是很简单的选择，对自己来说却很难。

纠结到抓完头皮屑都想不到好办法。选哪个心里都不舒服，选哪个心里都会后悔。随着每天有越来越多的选择，每天都生活在选择和后悔中，反反复复，焦灼、痛心。逐渐开始怀疑自己是不是有心理问题，慢慢变得控制不住自己的情绪，焦虑、暴躁、易怒。

选择困难症，快要毁掉我们的生活。一个读者在微信上面问我："桌子，当初有两个男孩追我。一个男孩长相一般但是家境不错，一个男孩长相帅气但是家境一般。我有选择困难症，纠结了好久，还是选择嫁给了家境一般的男孩。但是婚后过得不幸福，没钱的苦日子真的很难熬，我现在非常后悔当初的选择。该怎么办？"

我回答她："如果你当初选择了那个有钱的男孩，当你看到其他女孩有非常帅气老公的时候，你也会后悔，也会过得不幸福。一旦做出选择，就要忠于自己的选择。你不是选择困难后遗症，你是贪心太多，甘蔗哪有两头甜？"

网上的段子说得好：你选择了赚钱的男人，你得接受他的不顾家。你选择了顾家的男人，你得接受他的不赚钱。你选择了理性的男人，你得接受他的算计。你选择了听话的男人，你得接受他的懦弱。你选择了勇敢的男人，你得接受他的固执。你选择了帅气的男人，你要接受他的花心。

张爱玲在《红玫瑰与白玫瑰》中说，娶了红玫瑰，红的就变成了墙上的蚊子血，白的还是"床前明月光"。娶了白玫瑰，白的就成了袖口的饭粒黏子，红的却是心口的朱砂痣。这说明，无论选择什么，最后的结局都是带有遗憾的。

我们为什么害怕选择？通俗上讲，我们是怕在选择中，错过最正确的选择。本质上讲就是我们无法承担选择失败后的结果，我们希望做出利益最大化的选择。更本质上讲就是你贪心太多，什么好处都想占。凡事有利有弊，天底下哪有这么好的事情？

确定的事情才不需要选择，选择之所以重要，是因为它的不确定性。舍得舍得，有舍才有得。人生是一趟滚滚向前的火车，不售卖回程票。人生中任何选择都是有遗憾且唯一的，而接受人生中的遗憾和唯一，本身也是一种成熟的标志。不断完善自己的同时，又能够学会接纳不完美的人生，这才是我们真实完整的人生。

这个字值得一生去参悟

（1）

进公司那年我21岁。老板看我做事勤快，手脚麻利，有意培养我。一天，老板吩咐我做一件事情：你去广告公司做一条横幅，上面写“欢迎某某领导莅临我公司指导工作”，红底黄字的。临走的时候，老板一脸严肃、郑重其事地问我：“我说的话，你听懂了吗？还有要问的吗？”我马上频频点头，懂了，懂了！没有要问的了。赶紧跑到楼下广告公司，准备开始做横幅。

突然一下傻眼了。做多长的？多宽的？挂在哪里？要质量好的还是差的？什么时候要？发票抬头开什么？横幅的字体是什么？于是，我只能把这些问题记下，厚着脸皮重新问一遍老板。老板知道我肯定会返回来问他，笑呵呵道:“年轻人，下次长点记性！带点悟性！”过了一段时间，老板要我去高铁站接客户。

临走的时候，老板又一脸严肃、郑重其事地问我:“我说的话，你听懂了吗？”

吸取了上次的教训后，我轻点一下头说，懂了一点！来的是两男两女，已经根据客户的要求订好了一个双人房和两个单人房，吃饭的酒店也已经订好了餐。来去的路线已经安排好，需要的鲜花、接人牌子、矿泉水都准备好了，司机也已经到位，我们提前 30 分钟到高铁站。公司的介绍宣传册和签约合同都已经准备好了，用餐后看节目演出的门票在我手里，您到时候只需在酒店等我们就行！

老板满意地笑笑说:“去吧！”签约非常顺利，客户对我们的安排大加赞赏。

一个月后，老板忽然对我说:“公司高层经过开会，决定重点培养你。从今天起，你就搬个桌子到我的办公室。你记得看我怎么和客户沟通打电话。懂吗？”

从老板办公室出来，我心里不爽。你不就是想监视我吗？我这么勤快的人，难道还怕我偷懒？哼，真小气！虽然心里不舒服，我还是搬着桌子去了老板的办公室。第一天下班的时候，老板突然问我:“我今天和客户说的话，你听懂了吗？”

我心里发虚，支支吾吾说，没懂。

老板说:“那你要用心听啊！”下班后，我心里泛起了嘀咕。依照老板这么豪爽的人，不可能监视我啊？

再说我一个无名小卒，他要监视我，也应该派一个人，犯不着自己亲自监视啊。

第二天，我认真听了老板打电话和接待客户的说话，然后认认真真地记了笔记。过了五天后，老板问我：“我说的话，你听懂了吗？”

我说懂了一半。

他说，那你说说。

我说：“1. 和客户说话，语气要不卑不亢。我们是合作关系，利益共享，不需要低声下气求别人，这样反而丢掉了自己的尊严，被客户看不起。2. 比如，先说某某总，您好。我需要和您说三件事情。这样人家心里有底，你这个电话需要多长时间。重要的事情先说，现在这个社会时间宝贵，做事情一定要有效率。3. 公司的一些报价和产品的细节地方一定要了然于胸。客户问起你来，你可以第一时间告知。客户的某些问题，也要及时反馈，多和各个部门沟通。”

老板笑笑说：“不错，蛮有悟性！你在我办公室再‘偷听’五天，就可以搬出去了！”

很多人说，一个人要成功一定要遇到一个贵人。我想老板就是我的贵人吧，需要感谢他知遇之恩的地方实在太多。如果你想要懂一个老板说的话，一定要站到老板的位置，站到客户的位置，站到员工的位置，多想、多看、多做。

你要像一块海绵，不带任何杂念和想法，只管去吮吸水分。现如今老板成了集团的总裁，我也成了分公司的副总。老板那一句“我说的话，你听懂了吗？”让我受益一生。

（2）

以前部门有个员工，高校毕业的研究生，长相帅气，谈吐不凡。我交代他做一个项目策划。他第一次做，很多地方犯了常识性的错误。我都一一给他指正，要他改正过来。临走的时候，我一脸严肃、郑重其事地问他：“我说的话，你听懂了吗？”

他马上回答：“懂了。”

他又改了一次，拿给我看的时候，我发现我给他指正的地方他一点都没有改动。

我说：“你什么意思？要你改的地方怎么不改？上次还说听懂了？”

他说：“不好意思，我上次没有听得太懂，但是我觉得这个蛮好的，不要改呢！”

我马上安排另外一个人去做了，另外一个人完成得很快也很好。后面我还给了这个研究生一次机会，他还是按照他的想法，一点没有改变。于是，他没有通过实习期。不懂装懂的人希望被尊重，但不愿花精力学习，或自己杯子里的水太满，于是不懂装懂，工作始终是“半吊子”。

你永远叫不醒一个装睡的人，你也永远没有办法让一个装懂的人明白道理。不懂装懂、没睡装睡的人，你就让他一直装懂、继续沉睡吧。

（3）

刚开始在微信上面写文章的时候，我把我的文章发给一个自媒体大佬看。他说：“你的文字功底不错，但是你的文字不够优美，立意不够高深。我说的话，你听懂了吗？”

我说：“懂一点，我应该持续写作，多多练笔。”

他说：“错了！你应该看大量的书，多看历史上大师写的文章，多去感悟生活，多去和长者聊天。要么不写，要么就写触及心灵的文章！”

我说：“我又懂一点点了。”

大佬笑了笑。我想我以后会懂更多吧。

你上完课，老师交代你们知识要好好梳理，融会贯通。老师说的话，你听懂了吗？你离开家乡，父母交代你好好照顾自己，注意身体。父母的话，你听懂了吗？你进公司的那天，老板和你说好好干，公司就是你的家。上司的话，你听懂了吗？你的结婚仪式上，朋友们祝你们相敬如宾，白头偕老。朋友的话，你听懂了吗？我们总是后知后觉。我们总是要后来才懂。

有些味道，你需要尝遍100种味道，才能真正明白它的滋味。有些人，你需要接触1000个人，才能真正明白他的好。有些话，你或许需要花一辈子的时间去做、去体会、去感悟，你才可能真正明白它的深刻用意。

齐白石懂虾，学过花雕木工，摹遍八大家，画虾堪称画坛一绝。徐悲鸿懂马，做过图画教员，历尽战乱，《奔马图》终成丹青巨擘。弗洛伊德懂梦，做过外科医生，战胜颌癌，《梦的解析》奠定了他精神分析学开山鼻祖的地位。

知行合一，才能止于至善。懂和不懂之间有条路，这条路或许要走一辈子。那么，我写完了，我所表达的意思，你懂了吗？

从月薪八百到年薪百万，我只想说六句

2006年5月12日，大学毕业临近，我面临着工作的压力，感觉前途一片迷茫。就业处老师帮我推荐了一个天津的岗位——行政主管，听着很诱人的称号。

我毅然决绝地离开，搭上了往北的火车，我还记得我临走前的那个画面，大家都在校门口送我。

熟悉的风景，熟悉的人，腻在一起几年了，一想到要马上和你们分离，不由得悲从中来。当时我谈了恋爱，很幸福、很甜蜜，还记得当初在武汉火车站晚上的那一幕，你送我到车站。

我在车内，你在车外，火车开动的那一刻，眼泪“唰”地一下掉了下来，滚烫的眼泪流到下巴，我转过头，不想让你看见。

我想这应该是我活到现在唯一一次因为一个女孩掉的眼泪，以

后再也不会。火车离开灯火通明的城市，开往黑暗陌生的旷野，看着你消失在星辉斑斓中。想掏出手机告诉你，我会很想你，却始终没有。

在天津工作了25天，说是行政主管，其实就是一个打杂的，什么都干，月薪800，包吃住。你跑到了我工作的地方，说不想我在这里上班。我什么话也没说，收拾了行李第二天就辞职走人，老板还扣了我10天的工资。我们两个人跑到北京玩了一天，第二天晚上回到武汉。

我那个时候钱包只剩下几十块钱，不知道什么时候，应该是在火车上，你塞了500块钱在我的包里，自己却只剩几块钱坐公交车回了家。拿着你崭新的钱，却不舍得花，内心满满的感动。

2006年底我们一起过年，除夕晚上我们一起在湖边放烟花。你哭得像个小孩，抱着我不肯松手，说：“以后不管生活有多难，都要年年过年在一起放烟花。”

2007年正月。我拼命找工作，大大小小的招聘会。也是在这个时候，最惨的一段日子，你每天都陪在我身边，安慰我、鼓励我。买菜不舍得买肉，去超市不舍得买零食，和我挤在又臭又小的单间，连个厕所都没有，每一笔钱还要计算着怎么花。男人最窝囊的事情，莫过于自己没有能力，还要让心爱的女人陪着受苦。

很多人可能觉得找个工作很容易，谁谁介绍就行。以我一路过来的经验，告诉刚毕业的朋友，靠别人介绍或者答应怎么怎么样的，那都是不靠谱的，什么事情都要靠自己，靠自己努力，一直到今天，我始终相信这个理论。后来一个朋友介绍我去了一家地产中介公司，还是 800 元一个月，不包吃住。苦逼的日子太难忘，我记得有过 15 块钱过两天的经历。

上班过程中又认识了一个广播电台的主任，于是去了他那里。1200 元一个月，不包吃住，好高兴，终于涨了 400 元的工资。工作了 3 个月，和我关系很好的一个导师打电话给我，叫我去吃饭。在不熟悉的地方，辗转几趟公交车，到了那里他们饭都吃完了。结果大家把我叫到一个地方，和我聊了一下午，肚子饿得要死，强忍着。这一次聊天改变了我的整个人生发展轨迹。过完端午节，正式去上班了。

武汉分公司成立，所有注册的手续全部是我办的，当时是承包给 H 老板。慢慢地，跟着 H 老板开拓武汉这一块的市场，我属于做实事的人，一头扎进去沉下心来做了半年多，得到了 H 老板的信赖，所以基本上整个分公司在我手上运转。我进这个行业基本上每天晚上都是加班学东西，和各种电脑软件、标书、各种人打交道。我当时在想，要在这个行业里面成功，要么你非常有钱、有实力，要么你有非常好的资源。

这个行业水很深，摸透了就明白了门道。此时我的工资是 1600 元一个月，经过两三个月尝试之后，有了成效。有很多老板找我帮忙，他们每次都会给几百元辛苦费，我终于可以解决温饱问题了。

没想到，到 8 月份，自己连做两个大项目，赚了两万多块钱，现在回想起来还记得当时把两万多块钱拿回家，一张张数了一次又一次，兴奋得要死。去银行存钱时的那种激动，回味无穷啊。生活啊，终于看到了一丝丝曙光。年底，总公司调我回去做运营，一个公司的业务全部在我手上运转，当时给配了辆车（卡罗拉），开着满城跑，真是春风得意马蹄疾。

2008年，我的工作又调整了，武汉分公司因为总部和H老板闹得不愉快，所以总公司决定收回来，因为我之前经手过，所以就由我负责，各种压力接踵而至。

老板把我带在身边，坐在他办公室，他的对面。他经常和我讲：我要重点培养你，公司里面你的悟性最高，每天我办公室进进出出的人，你都要用心去听我们的谈话内容，学习我们之间的沟通方式。你要把所有人的联系方式记着，下次就是你去联系他。刚开始很不理解，现在我才知道，他就是我生命中的贵人。

我可以说公司什么职位我都做过，而且都是用心在做。经常直接睡在公司的沙发上，经常加班熬夜，一熬就是一个晚上。第二天一大早洗个澡，换身衣服又去工作了。在此期间，我也积累了大量资源。

这个时候，我和你却分手了，生活中的矛盾，加上我的无理取闹，大男子主义，自私、倔强，还有忙于工作忽略了你。当时整个人沉浸在感情和工作的双重压力中，每天天昏地暗。直到2009年7月2日，发生了一件很严重的事情，这件事太复杂，不便细说。反正就是人性在利益面前很可怕，当时涉及的资金将近1000万元，公司本来要盈利600万，这里面有我的提成60万元，却被一个人出卖了，整个项目没有谈成。这个时候我离开了公司，有太多原因，就不一一赘述了。

离职后每天在家里打电话，联系项目，靠资源整合，一个月赚了 10 万元。这时很多公司在找我，我也在寻找公司挂靠。当时和我合作过的一个老板，约我无数次，要我去上班，和我谈待遇，我抱着试试的心态去了他们公司。结果他们公司真的是卧虎藏龙，资金实力非常雄厚。老板给了我一个分公司总经理的职位，领着一群人干，年薪 50 万再加股份分红，一年最少也有 100 万吧。

一路走过来，坎坎坷坷。为了大家少走弯路，我想和大家说几点自己的看法。

1. 选择大于努力。如果你现在在从事一份自己不喜欢而且一眼就可以看到头的工作的话，建议你马上辞去。如果你还想奋斗，还想实现梦想，就马上跳出来，不要温水煮青蛙。

2. 天道酬勤。做什么事情一定要沉下心来，用尽全身的力量去做，不要怨天尤人，认准了就要付出比别人多两倍、三倍甚至十倍的努力。能者多劳，能力就是在一次次的历练中成长起来的。

3. 胆大、心细。如果我当初平平淡淡地上班，没有自己的计划，每次机会来临时无动于衷的话，我可能现在和很多人一样，拿着两三千一个月的死工资。心细是说做事时，一定要方方面面都考虑到，包括最好和最坏的结果。

4. 独立思考的时间。不管你现在从事什么工作，一定留给自己思考的时间，可能你的一次思考，会让你少走几个月的弯路。

5. 做人要大方。现在不是赚钱的时候，而是如何整合资源。因为你不是富二代也不是官二代，没有什么资源，什么都要靠自己。我在餐厅里面碰到有过交往的人，我都会去主动买单，可能你花了几百块钱，但是别人会认为你懂事、会做人，一次、两次可能别人记不住你，但是次数多了，你在别人心目中的地位就上升了，以后有了好事肯定会找你。

6. 关于感情，我认为能不谈尽量不要谈。当然，如果你谈了，就要好好对待，可能你选择了事业就错过了感情。我是一个失败的例子，以我为鉴。

可能一个人的价值不是在于他赚了多少钱，但是这个社会就是这样，你只有付出了，才会有回报。最后，我要感谢你，韩雨墨，没有你就没有我的现在。虽然我已经失去了你，但是我会用一生的时间慢慢偿还。

You're just pretending to be very hard

Part 4

努力，才是你的全世界

好的爱情就像合伙开公司

出差路过徐州，顺便去拜访公司的大客户王总。正值周末，王总没有在公司，正和老公在外面逛街，于是她和她老公一起开车来接我。王总平时工作风格雷厉风行，做事干净利落，执行能力非常强。她的英语名字叫Tina，和“铁娘子”撒切尔夫人同名，寓意学习她的强势风格。在我刚上车关好车门的时候，Tina忽然对她老公说:“亲爱的，可以走了！”我刚刚喝进去的一口水，差点喷出来。这还是平时那个剽悍的女人吗？怎么好像变了一个人，突然变得温柔似水？一路上Tina和她老公有说有笑,她在她老公面前温情脉脉，展现出女人特有的柔情，显得非常自然，像是热恋中的女人。到了吃饭的地方，她老公找服务员要了一壶开水，把碗筷烫好之后，分给每个人。问完我们喝什么饮料之后，他用开水烫热了一罐椰奶给

Tina，说她胃不好，要喝温的。Tina 一直电话不断，菜也是她老公点的。点了几个特色菜之后，特意点了一盘白灼基围虾。虾子上来后，Tina 想吃但是嫌剥壳麻烦。于是她老公二话不说，戴上一次性的手套，剥完虾尾还蘸醋摆在碟子里，推到她面前。Tina 一脸满足的幸福。吃完饭 Tina 刚好又接到一个国外的重要电话，于是她老公带我们到湖边走走。外面飘着细碎的小雨，烟雨朦胧，我们打着伞围着湖边的亭子转悠，开始和她老公攀谈起来。

原来 Tina 和她老公是大学同学，大学时期就谈恋爱，一直到毕业结婚。刚刚毕业那会儿什么都没有，两个人一起为了未来打拼，一起不断学习，才慢慢有了现在的物质条件。他们有一个小孩在美国读书，每年夏季去一趟美国看小孩，冬季去一趟迪拜度假购物，固定好的旅游线路。两个人喜欢看的书籍，喜欢看的电影，都非常类似，有着共同的兴趣爱好。二十几年了，一直保持婚姻的新鲜感。

真正让我诧异的是: Tina 老公是一个公职人员，却对她的业务了如指掌。很多业务细节，甚至比我还要清楚。她老公在学习她公司业务上平时一定下了不少功夫。有哪对夫妻会对彼此工作上的事情那么了解呢？我想他们的情感一定是不同寻常的深厚。世界上好的婚姻几乎一模一样，可是不好的婚姻却是千奇百怪，多姿多彩。于是我就一直在想，到底美满的婚姻是什么概念呢？见过 Tina 夫妻后我明白了，无非就像是两个人合伙经营一家公司。在各自的职位发挥自己的优势，一起学习，共同进步。婚姻是一个男人和一个女人在肉体、精神、财产三方面的合伙，是一种比公司合伙更亲密的关系。两个人经营一个叫婚姻的项目，股份各占50%，有共同的目标和愿景。在经营过程中双方不断地沟通和了解，明白各自的原则和底线。两个人找好自己的位置，优势资源整合，人脉、资金共享，压力共担。两个人必须坦诚相待，齐心协力，劲往一处使，这样公司才会运转正常，健康蓬勃地发展。相反，如果各自有所保留，心里打着小算盘，不往一个方向使劲，或者其中一方不肯付出，只想等着享受和索取，这样的公司时刻面临着撤资走人，破产清算的危险。

我觉得婚姻里面最大的误区就是：谁谁离开了自己原来的家，进入了男方或女方家。其实婚姻的本质是：双方离开自己原本的家，再组建一个新的小家庭。通俗一点的比喻是两个集团家族共同注资，建立一个新的小公司。各派自己的亲信，各占股50%，这个小公司和之前的任何一家公司不能等同。如果这个道理弄不清，将来会徒增很多麻烦。古人常说，婚姻要门当户对，其实不无道理。门当户对指的是付出对等、成长速度对等。就像是树和藤，其中哪个长势太快都是绝对不行的。根据数据统计，各个社会阶层，离婚率最低的是农民工。因为双方文化水平和成长速度差不多，双方都为了家境变好每天努力劳作，当然离婚率低。

夫妻双方如果其中一方持续付出太多，成长的脚步太快，那么这个婚姻将会岌岌可危。开公司也是一样，你对外负责资源整合，我对内负责员工管理。如果其中一方坐享其成而另外一方拼死拼活为公司付出，或者其中一方闭门造车跟不上市场的脚步而另外一方观念和思想都走在市场前沿，这样的公司合伙人将会有很大矛盾，公司离倒闭也不远。好的婚姻就像合伙开公司，讲究精神上的门当户对，成长上的衡宇相望，协作上的优势互补。这样的公司股份价值才会持续性大涨，年年有可观的分红，将来一定是百年老品牌。

我和我的缺点一起嫁给你

一个网络段子。

甲:“你女朋友的缺点多不多?”

乙:“像星星一样多。”

甲:“那优点呢?”

乙:“像太阳一样少。”

甲:“那为什么会选她呢?”

乙:“因为太阳一出来,星星就消失了啊。”

深以为然。每个人身上都有或多或少的优缺点,而真正的爱情莫过于因为他的少数优点而原谅他更多的缺点。

不久前回老家。父亲坐在客厅看电视,母亲跑去卧室找东西。母亲准备拉开衣柜抽屉,发现抽屉卡壳了,拉都拉不动,推也推不进去。一时间脾气爆发，几脚把抽屉踢得稀巴烂，边踢边吼道：“说了那么多次了，要你修好不修，不修就踢烂算了！”

父亲闻声赶来的时候，抽屉已经严重变形。他哭笑不得，扒拉扒拉散架的抽屉把母亲要找的东西递给她。父亲在旁边锤锤钉钉，不一会儿抽屉竟然神奇般地恢复了，也可以正常使用了。母亲是一个暴躁、极端、耐心极差的人，幸亏嫁给温和、敦厚的父亲，不然很有可能要过上战火纷飞的一生。母亲是远近闻名的“母老虎”，很多邻居都跑来和父亲说，要他不要那么宠自己的老婆，会宠坏，父亲总是嘿嘿一笑，不置可否。外人不知道，其实我们家里大事做主的还是父亲，母亲只是脾气不好，只要她那一阵过了就好，一般父亲也不会在气头上和她一争高低。母亲也知道自己脾气不好，像间歇性癫痫一样，发作了自己都无法控制。其实她背地里对父亲还是挺好的，自己舍不得买的衣服会舍得花钱给父亲买，自己舍不得吃的东西只要父亲在家就悉数买回，父亲只要有点小毛病都会嘘寒问暖，关怀备至。

父母结婚几十年了，关系一直都很和睦，在我印象中他们吵架的情形还真的没有，尽管母亲的脾气这么不好。父亲常常和我说：“家是说爱的地方，不是讲理的地方。你母亲的脾气在结婚前我就知道，我也从来没有期望她有天会改，她也不可能会改。谁又没有点脾气呢？我们都是和她的优点谈恋爱，和她的缺点过日子，受不了她的缺点的话，日子也很难继续下去。你要接受她，就要接受她的缺点。她和她的缺点是一起嫁给你的！”

是啊，很多美好的爱情，不就是你在闹、他在笑吗？以前租住的地方，楼上有一对夫妻每天到了晚上 11 点就开始吵架，吓得几岁的女儿坐到门口痛哭。常常吵得丈夫摔门而去，夜不归宿，家里一片狼藉，妻子和孩子抱头痛哭。争吵的焦点主要就是女人抱怨男人脾气大、不顾家，日子越来越难过。女人逢人便诉说自己的苦难，说自己瞎了眼睛，明明知道丈夫结婚前就是这个德行，自己却天真地以为结婚后丈夫为了自己会改变。等了几年没有改变，后来有了小孩，以为他会为了小孩改变，可是他一直都没有。这就是很多人会犯的错误，嫁给了自己想象的爱情。

你以为他结婚了会改，你以为生小孩了他会改，你以为经济条件变好了他会改。有多少人是嫁给了“自己以为”，而赌上了自己的一生幸福。

江山易改，本性难移。你是嫁给了他本人，也是嫁给了他的缺点。为什么要把他的缺点和他本人剥离呢？如果一开始你发现他身上的毛病，无法忍受，就一定要快刀斩乱麻地处理好这段感情。不要期望他会为了你改变，即便他当时为了你改变了，这个毛病在他身上留下的毒，过几年还是会复发的。世界上没有完全相同的两片树叶，也没有完全合适的两个人。我从来不相信，爱情可以改变一个人的缺点和性格，也不妄想去改变一片叶子固有的脉络。

我只相信两个人为了这份感情，愿意迁就和付出，愿意在另外一个方面补偿对方，愿意因为对方的优点而接纳他所有的缺点，这才是真实的爱情。没有一份爱是完美的，也没有一份感情是毫无瑕疵的，爱情与爱人，只能是真真切切的。在感情里面没有对错，只有爱与不爱。感情，若计较太多，那就输了。

甲：你愿意嫁给我吗？

乙：我愿意。我和我的缺点一起嫁给你，你愿意吗？

甲：我愿意，我和我的缺点都愿意。

世间最动情的表白，莫过于此！

成熟男人最好的体现

很多年前的一个下午，死党突然打电话给我，说晚上有同学聚会一起去，并阴阳怪气地说静蕾也会去。

静蕾是一个特别的女孩，曾经和我谈过恋爱，但是后来她单方面提出了分手，这一段感情一直都是我的一个心结。知道她会去之后，出于想展示一下自己，表达“我现在过得很好，你当初甩了我，甩错了吧！”的目的，我上街买了一套新衣服，理了一个清爽的发型，然后赴约。

到了聚会的地方，静蕾正忙着和昔日的朋友打招呼，她一袭修身的淡色连衣裙，白色的高跟鞋，融入灯光缱绻旖旎之中，还是那么有气质，不知怎么的，我感觉自己一下子败下阵来。吃完饭后，刚好有单独相处的机会，于是我搭讪她，聊了起来。

聊天的过程还算愉快，于是我忍不住说出当初的心结。“你当初为什么要和我分手？”刚说完这句话，我就想打自己嘴巴。

她莞尔一笑，说道：“没想到你还是那么不成熟啊！”

我感觉羞赧难当，脸红到耳根，她当初提出分手就是说，你太幼稚了！

我不死心又继续说：“我还想问你一个问题。”

“我知道你想问什么，是不是问什么样的男人才是成熟的？”

我：“……”被她一下子看穿，我只得尴尬地点点头。

她沉默了一下，面朝远处的灯火阑珊。然后说：“你人很好，我们的事情也已经过去了，为了你以后可以更好地处理跟女性的关系，我就和你简单说说吧。成熟的男人最好的体现就是自己会控制自己的情绪，顾及女性的感受。你那时只要看到我和异性说话，你就摆一副臭脸给我看。自己的女人和异性说话，不开心是非常正常的，是个男人都会有这样的情绪。但是成熟的男人要么就装聋作哑，要么就主动上前打招呼，要么就用幽默方法化解尴尬，唯独不会把自己的愤怒倾泻在女人身上。我和你相处的时候也是一样，我有点小事没有做到位，你就会把情绪带到另外一件事情上，说着说着语气就变了。说白了，你就是没有办法控制自己的情绪，这是很不成熟的表现。还有，我‘大姨妈’来了不能碰冷水，要你帮忙洗衣服，你坐在电脑前玩游戏说等下，可是等了好几个小时你还是没动，只得我自己去洗。晚上回家的一段路很黑，要你来接我，可你却说没事，有保安，治安很好。和你参加不熟悉的饭局，我有喜欢吃的菜却不敢夹，可你却只顾自己大吃特吃。我说的这些事情，你有顾及过我的感受吗？说白了，不顾女性的感受就是很不成熟的表现！”

当年那个时候被她一番教导后，我才幡然醒悟，原来我离成熟还有这么远的距离。

电影《西雅图夜未眠》中的女孩安妮已经和一个男人订婚，但是后来在一个电台节目中她爱上了别的男人，安妮回家和男人摊牌了。此时这个男人成熟的表现让我非常着迷，立刻喜欢上了他。

他说：“安妮，我爱你，但是我们到此为止吧。我不要你将就，我也不要成为你将就的对象。婚姻路本来就很艰苦，如果还要将就，那要怎么熬？”

然后，男人把婚戒退给了安妮。这个男人可以控制自己失去爱人后的巨大悲痛情绪，而且完全顾及安妮的感受，不让她有后顾之忧。能够这么理性、这么成熟地处理这件事情，真是好可怕，好喜欢！梅是我的一个朋友，也是嫁给了一个成熟的男人，叫宇。读大学时，梅为了贴补家用，晚上在闹市摆地摊，宇路过刚好想买。

一般人路过都会说：“哟，你这个东西都这么旧了，质量也不好，肯定没人要，不如便宜点卖给我得了。”

但是宇不是这样，他说：“这么晚了，你早点回去吧，东西便宜点卖，我多买些，你也早点儿回家，你说这样多好哇！”

宇完全是站在梅的角度来替梅考虑的，所以当时梅心里一股暖意缓缓升起。后来宇又来买了几次东西，一来二去，两个人就好上了。很多次宇陪梅一起摆地摊，宇给梅带伞，带衣服，怕她感冒了，淋湿了。其实，以宇的经济条件，完全可以不用梅来摆摊，宇天天陪她摆摊，完全是为了尊重梅自己赚钱的尊严，顾及她的感受。宇难道真的舍得让自己心爱的女人出来摆摊受苦吗？无非是控制住自己的情绪，然后设身处地地站到梅的角度，为她着想而已。刚刚认识的宇给梅的感觉就像是一个不曾见面的亲人，很暖心，可靠。梅说宇好像可以一下子能看穿她伪装的坚强，看穿她的想法，一句话可以直击她的内心，带给她安全感，什么事都不要她操心。宇比梅大了8岁，结婚时很多人反对，可是她毅然决然要嫁给他。

她说："如果我不嫁给宇，我会后悔一辈子。"结婚后，他们幸福得要死。

红楼梦里曾说：女孩儿未出嫁，是颗无价之宝珠；出了嫁，不知怎么就变出许多不好的毛病来，虽是颗珠子，却没有光彩宝色，是颗死珠了；再老了，更变得不是珠子，竟是鱼眼睛了。很多婚姻里不幸福的女人，甚至不是活鱼眼睛而是死鱼眼睛。其实，我们嫁人不是嫁给他的金钱，不是他的颜值，不是他的才华，而是他的性格。男人性格成熟不成熟，就很大程度上决定了你在婚姻里幸不幸福。

我们和谁过日子？就是和他的性格过日子。不是年纪越大越成熟，50岁的男人照样酗酒打老婆，20岁的小鲜肉照样让女朋友舒心至极。成熟不成熟只和男人的性格和心理年龄相关，和身体年龄无关。当然，经历越多，慢慢去感悟的话也会越来越成熟。女人只有在成熟男人的滋养下，她的精力才不会消耗，她的美才不会随着年龄凋敝、耗损，她的光彩才会持续，这是来自一个成熟男人对女人的涵养。

女人只有在成熟男人的滋养下，她的精力才不会消耗，她的美才不会随着年龄凋敝、耗损，她的光彩才会持续，这是来自一个成熟男人对女人的涵养。

成熟的女人是男人护体的软猬甲

洁和涛是圈子里面的一对金童玉女，高中到大学到毕业谈了整整 8 年，公认的模范情侣。大学毕业那年，我出差经过他们所在的城市，涛热情邀请我去他们所在的地方聚聚。我刚好事情办完了，为了打发无聊的时间，就去了他们那里。他们过得不太好，和几个人群租在一个民房里面，过道和房间都很旧，到处是灰尘和恶臭的油脂，窗户锈迹斑斑。

我的到来令他们显得有点尴尬和局促，我也感觉自己有点唐突了，毕竟过得这么狼狈，谁愿意展示给别人看。和涛出去吃饭的时候，洁好像不太高兴，并没有去。几杯啤酒下肚，涛就和我开始抱怨，说洁变了，现在什么事情都要管，打台球、玩老虎机都不准他去，一个劲地安排他充电学习，考这个证那个证，搞得自己很反感。

没想到，毕业了，两个人的争执竟然多了，经常闹矛盾，还是怀念之前校园时期。我看他情绪不好，并没有多说，只说她是女孩子，你要让着她一点。由于不在一个城市，各自忙各自的事情，我就和涛只在网上断断续续联系着，他们的事情没有太多关注。一天我打开微信，发现洁在朋友圈刷了几张照片，是和一个男孩在海南度假，她戴着硕大的遮阳帽，穿着碎花裙子，在海边笑得很开心，但是那个男孩却不是涛。

难道涛和洁分手了？我忍不住好奇，于是连忙发微信问涛：“你们怎么了？”

过了好久，涛才回过来一句：“我和她发生太多事情了，个中细节就不多说了。”

“八年的感情，我算是看清了一个现实的女人。”一面之词，我不太相信，她既然那么现实，为什么还会跟你这个穷鬼八年？

直到后来，洁的闺密偶然和我说起这件事情，我才搞清楚他们分手的原因。他们大学毕业后，两个人的日子过得紧巴巴，买什么东西都要盘算着。涛的工作不太好，每个月支付生活费、房租、水电后所剩无几，然后他经常还要去网吧、酒吧等娱乐场所消费。洁舍不得钱，但是争论不过，常常被他气哭。洁要他好好表现，争取在公司早日晋升加薪，涛却嗤之以鼻，说自己不是拍领导马屁的人。让洁真正下定决心离开他的事情是她的母亲生病住院了，治病的钱涛没有出一分，都是洁找亲戚朋友借的。洁因为看不到任何希望，所以就离开了。现在洁是“翻身农奴把歌唱”，生活过得很好，走出了当初的阴霾。

最后我和洁的闺密说：“这只是一个幼稚的男人和一个成熟的女人的故事罢了。”成熟的女孩和一个不成熟的男孩谈恋爱的感觉是非常痛苦的，就像是这个运动员本来可以跑 2000 米，但是为了和男孩一起跑，她只能跑 800 米。

跑了一段时间后，她看着其他人都跑过 800 米了，难免心急，于是她督促男孩也尝试跑过 800 米。可是男孩这时却不干了，说自己只是跑 800 米的料，朝女孩直瞪眼。后来女孩因为某些原因不得不抛下他，继续往前跑，此时男孩在背后大喊：“这么多年的感情，你就是为了一个比我有钱的男人离开了我！”我想此刻女孩大概已经累得都懒得解释了吧。最心寒的事情莫过于你把最好的年华给了那个男人，可是走到最后那个男人却还骂你现实。现实社会中不排除有些女孩确实比较现实，只看重钱。但是大部分女孩考虑经济原因不只是为了自己，还为了自己的父母和下一代的更好发展，不想他们跟着自己过苦日子。男人骂女人现实之前，换位思考一下就明白了。

余经理是我之前公司的同事，少见的成熟女性。她学富五车，有涵养、有气质，整个公司的人都对她心悦诚服。她是一个部门经理，却能调动整个公司的人马，大家都佩服她，就连楼下停车场的保安，有时候公司老板的面子都不给，只买她的账。因为她做人做事非常到位。说件小事吧，是和她老公闲聊时，无意中提起的。

他们年轻谈恋爱的时候，她老公没钱，出去几个朋友聚餐，吃完饭后，她偷偷在桌子底下塞钱给她老公，要他去买单，很在乎自己男人的尊严。她老公现在还记得这件事情，说起来满满的感动，一脸幸福。余经理比她老公要成熟，比他有能力，她老公在她的鼓励下，从专科生一直读到研究生，终于差距没有那么大了。

他们彼此相知，互相仰望，婚姻生活过得很和谐。不成熟的男人在成熟女人的鞭策下，随着时光的雕琢，也会慢慢变得成熟，只要那个男人肯为了自己将来的家去努力打拼。我曾经看过很多情侣，尤其是大学时期的。恋爱中的两个人，大部分情况是："女孩总是督促男孩努力进取，一起规划人生，畅想未来，甚至已经想好了如何做母亲。"男孩呢？脱不了的孩子气，懒，固执，然后就是要么浑身烟臭地打牌，要么废寝忘食地打电脑游戏。也许现实生活中还有很多男孩不是这个样子，但是不能否认，女孩真的比男孩成熟得快。所以，年轻的男孩，请多听听你身边姑娘的话，因为大部分时候她们是对的。

上帝在造人的时候，女性本来就要比男性成熟，所以说是夏娃首先冲破了禁忌偷吃了苹果，亚当才尝试的。有专家呼吁儿童入学的时间，同班的男孩一定要大女孩两岁，我觉得不无道理。佛家有云：由爱故生忧，由爱故生怖。如果你身边有个比你想得多的女孩，比你成熟的女孩，请你一定要珍惜她。因为她是真的爱你的。她爱你才会对你有要求，才会在自己的人生规划中放你进去。春花夏华，秋实冬藏，成熟的女人陪你走过四季，走出少女的羞涩,走出青春的靓丽,走进瑰丽多彩的季节。她清静而不张扬,性情虽有波澜而不浮躁，她放弃她本来的骄傲、怨怼，甘愿静静地陪伴你一起成长。她既是你的软肋，也是你的盔甲，她更是你的护体软猬甲。

给别人的幸福让路

端午过节回家，开车行在路上，突然一辆承担拍摄任务的婚礼车插道进来。后面跟着一台花车，里面坐着浓妆艳抹的新娘子和满脸喜气的新郎，后面跟着26台黑色的轿车，像是一条长龙在闪烁的阳光里慢慢地“游着”。忽然笛声大作，到处都是汽笛声，川流不息的大道上大家为婚礼的车队让出了一条宽敞的幸福大路，司机们鸣笛为新婚夫妇祝贺，车队在汽笛声的“奏乐”中，在前面的熙光中慢慢消逝。

每个人都在自己的生命过程中，以自己本能的方式追求属于自己的幸福，在追求的过程中，当自己的幸福和别人的幸福撞车的时候，如何选择就会折射出人性的光辉。给别人的幸福让路并不意味着我们会失去太多。

成全了别人也就醇化了自己的心境，成就了自己的

另外一段幸福，灵魂找到最终归宿。

很多人拼命追求的根本不是自己内心真正想要的东西，只是看到别人抢着要，自己强烈的占有欲逼迫自己去争夺。既然不是自己所需，留给别人应该是最好的选择，放弃不属于自己的东西，给别人的幸福让路。

孙穆王放弃自己的宠姬贾氏成全谢榛和贾氏谱曲弹唱，天作之合。郢人运斤如果没有美妙的“质”来成全，再美好精彩的创造也会绝迹于世间。嵇康一曲《广陵散》成全了无头人的心，虽然是异类，然而都有平等、美好的感知。本来人就是在不断尝试和失败中成长起来的，经历了磨炼和失误，受伤的心才会逐渐学会坚强，人也变得坚强聪慧起来。也许我们曾经为年轻时候错失的爱而悲伤，也为一时的意乱情迷而癫狂，或许曾为自己虚度年华而悔恨，或者曾为与机会擦肩而过遗憾，可这就是我们的真实人生啊！

一句瑞典老话说得好：“我们老得太快，但聪明得太迟。”我们忙碌着工作，忙碌着生活，忙碌着争夺，忙碌着老去。在忙碌中，青葱岁月渐渐在掌心流失殆尽，不管你是紧握双手还是摊开，生命一直在向前。人生这一趟列车没有售往返车票，失去的终究不会回来。生命中，大部分的事物都是美好易逝的，享受它们，品尝它们，善待周围的每一个人，成全了别人也就醇化了自己的心境，成就了自己的另外一段幸福，灵魂找到最终归宿。给别人的幸福让路，生命为你送上馥郁的鲜花。

不争也有属于你的世界

(1)

周末把车停在小区停车场，发动车出门的时候没有注意到车窗上面插的广告名片，当我把车窗降下来的时候，名片被卷入车门里面，导致车窗升降受到严重阻碍。去维修店问怎么拿出名片，被告知维修费用需要几千元。一时怒气上头，真想砸开车门拿出那张名片，打电话过去骂那个胡乱插广告的人，骂得他狗血淋头。朋友劝我说，他是生活中的“弱者”，为了讨生活不容易，还是算了。可是纵观我们的生活中，为了自己赚钱不顾他人感受的所谓“弱者”，比比皆是。

当你午休酣睡正畅的时候，一个推销理财产品的小女孩打电话进来跟你哭穷，说不买理财产品她就要吃泡面一个月，搅得你再也睡不着；当你埋头于手上工作的时候，一个推销劣质牙刷的业务员在你办公室和你叨叨上有老下有小，生活压力大，打断你工作的思绪，赶都赶不走；当你因为工作劳累在公交车上睡着的时候，一个唱完“要命”歌曲的乞丐把你摇醒，求求你救救他，摆出一副架势逼迫你给钱；当你开车等红绿灯的时候，一个发高利贷广告的人不管你同意不同意，就把传单丢入你的车内，示意你要谅解他大太阳下发传单的不容易；当你刚刚搬完新家准备开始新生活的时候，一个贴“牛皮癣”开锁广告的人，霸占了你家入户门和楼道的广告位，求你让他混口饭吃不要撕了“牛皮癣”。

其实他们这样的行为，难道真的可以让他发达吗？“弱者”就有资格为了达到自己的目的，牺牲别人，不择手段？不顾他人感受去宣传和乞讨的行为，只会导致他们的业绩越来越差，越来越难混。

现实的社会，不会因为你是“弱者”就原谅你的错误行为，来偏待你。

（2）

我住的小区门口有几个小贩都是卖甘蔗的，其中只有一个小贩的生意暴好，其他小贩都没人光顾。

为什么？因为那个生意好的小贩把削完的甘蔗皮全部都收集起来，丢到垃圾桶里面，而其他小贩都是随手扔到地上。生意好的小贩连甘蔗皮都干净归置好，不麻烦清洁工，为别人着想，他的人品一定好，他的甘蔗也一定新鲜、干净！

得道者多助，失道者寡助。没有人会因为其他小贩生意不好，就谅解他们随地丢垃圾的行为，认为他们是“弱者”就去照顾他们的生意。这就是人性。

（3）

A 是以前公司的一个小女生，家境非常不好。和她同一批进来的女孩职位都晋升了，只有她一个还在原地踏步。她有一个很不好的习惯，就是喜欢把别人和她说的事情，添油加醋地再转告他人，来博取他人的好感和信任。

一次聚会，她问了我一个公司敏感问题，我把自己对这个事情的看法，原原本本非常真诚地告诉了她，哪知她转身就告诉了领导，以此来谄媚，想获得领导的信任和提拔。后来一次领导和我闲聊，他无意中提到了这件事，我知道肯定是 A 出卖了我，因为我只和她提过这件事情。当着你的面说别人坏话的人，肯定会当着别人的面说你的坏话。这样的行为导致所有的同事都疏远 A，领导也不信任 A，她在公司落得很孤立，连个说话的人都没有。她后来也找了几次领导，说自己家里条件不好，要领导提升她，但是一直也没有结果。

职场如战场，没有人会同情弱者。领导不会因为你家里情况不好，就来提升你的职位。耍着小聪明，想踩踏别人上位的人，结局一般都会很悲惨。可怜之人，必有可恨之处。

(4)

记得以前有个农村妇女，为了寻找走失的孩子，在整个县城和农村周边都贴满了寻子启事。后来她的孩子找到了，她又和她老公返回来，把之前粘贴的告示全部清除干净，不给环卫工人添麻烦。她花了整整十几天的时间来清理，其行为感动了无数人。我们见过很多粘贴寻找爱狗、孩子、老人启事的，可是当他们找到后，又有几个人返回来铲除这些“牛皮癣”呢？不过是把这些工作丢给环卫工人罢了！

她没有因为自己是农村妇女，是“弱者”，就放弃了自身的优良品格，这让多少人汗颜？不惜牺牲别人的利益以满足自己一己私利，最后吃亏的还是自己。在法律和道德面前，弱者和强者都是平等的，没有人会因为他是“弱者”，就同情原谅他的错误行为。

我们无论做什么事情，都要有自己的规范和行为准则。你做的每件事情，都是你的名片，你的名片也就代表了你的本身。能够成就你的，就是你所做的每件事情！为了达到自身目的，以不损害他人的利益为前提，这是一种能力，更是做人的基本道德和底线。

不争，不抢，也有属于你的世界。

只有退潮后，你才知道谁在你的感情里裸泳

（1）

曾经在网上看过一个故事。以前有一对很恩爱的夫妻，举案齐眉，相敬如宾。婚后的生活平淡如水，波澜不惊，随着男人工作能力的增强，家里的经济条件也越来越好。看到单位年轻靓丽的女孩，再看看家里暗淡无光的妻子，这时男人心痒难耐，忍不住勾搭了一个女孩。

刚开始，男人只是想玩玩，寻找激情，并没有结婚的意思。有时候婚外情像是一块沼泽，会让两个人越陷越深。一天女孩突然提出要结婚的想法，男人大吃一惊。他非常爱女孩，可是妻子是无辜的，她没有任何过错，如何向妻子提出离婚？女孩为了达到结婚的目的，

不择手段，给男人出尽点子去激怒妻子，让她找男人吵架，先提出离婚。女孩先是把两个人的酒店开房票据放到男人的口袋，可是洗衣服时，妻子根本不看，拿出来就直接放到男人的书桌上。女孩又故意把口红印留在男人的衬衫上，把用完的避孕套盒子放到男人的公文包里，可是妻子统统还是没有发现。女孩接着又出了很多馊主意，但是都不见效。

一天男人下班比较早，妻子下班比较晚，于是男人就去买菜做晚饭。炒菜的时候，男人突然脑洞大开，故意把几个菜做得非常咸。他觉得妻子吃菜咸的话，肯定会找自己吵架，只要一吵架就好了，这样就有借口和她离婚了。他自己没有碰咸的菜，但是妻子吃咸的菜竟然吃得不动声色，并没有什么异样。

于是，男人忍不住问妻子："好吃吗？"妻子默默地点头，男人无奈地也跟着笑笑。收拾桌子的时候，男人突发臆想，何不也打包一份咸的菜品，去捉弄下女孩，逗逗她？

第二天午餐时，男人对女孩说："我特意为你做了一道菜，你尝尝。"女孩幸福地夹了一筷子放入口中，突然火冒三丈地迅速把菜吐了出来，大声咆哮道："你什么意思？你想咸死老娘？这是人吃的菜吗？你给我吃，全部自己吃下！"

男人把菜端过来，尝了尝，天呐，好咸！他的胃里像是涌进了海水，顿时翻江倒海，感觉要把昨天吃的东西呕吐出来。

女孩继续吼道："吃，不吃就不是男人，你给我全部吃完！"男人此时也气得失去了理智，发飙喊道：“你给我滚！”男人这时忽然想起了妻子默默吃咸菜的场景，她一定受了很大的委屈，心里有苦，却没有说。

晚上回家，男人又做了几道拿手的菜，咸淡适中。男人问妻子好吃吗，妻子还是默默地点头。男人却怎么也忍不住自己的眼泪。结发多年的妻子在泪眼婆娑中，在暖色调的灯光下，显得格外妩媚动人。

（2）

母亲生病住院的时候，隔壁床有一对50岁左右的夫妻。丈夫是尿毒症，妻子默默服侍他床上床下。但是丈夫都是不太作声，两人显得很怪异。后来护士告诉我，他们已经离婚了。男的之前比较有钱，但是做生意失败了，自己也病倒了，这时情人却拿着钱跑了。还是原配的妻子送他到医院来照顾他的。

一般家庭的财富积累是需要时间去慢慢累积的，很多原配夫妻都经历白手起家的过程，完成财富的积累，两人付出了很多心血。因为付出，所以珍惜，因为珍惜，所以眷恋。原配夫妻的感情是在共同奋斗、浴血奋战中建立起来的，和半路情人相比更值得珍惜。见过不少半路情人，双方正常时很好，一旦对方有什么意外，就把“大难临头各自飞”上演得淋漓尽致。

不信到医院去看看，生病时愿意在床头围绕的多数是曾经一起过苦日子的原配夫妻。

（3）

记得文章出轨后在道歉信中曾经说道：“演艺事业的平顺造就了我狂妄自大、骄傲蛮横的脾气。我文章，在生活中写就了一篇大错特错的文章。我辜负了马伊琍和孩子，辜负了家庭，辜负了丈夫和父亲的称呼，辜负了所有对我寄予期望的人。”

文章的这段话，对我触动很大。如今现实社会的诱惑太大，人们渐渐在掌声和鲜花中迷失了自己。随着“潮水”的上涨，很多男人看不清谁才是真正爱自己的人，忘记了现有的财富和才华都是曾经那个陪他过苦日子的女人慢慢熬出来的，也忽略了那个曾经深爱的女人。

几天前，在伯母家看电视。电视节目中一主持人问嘉宾：“如果你和你的伴侣已经白头到老了，最后还是有一个人要先走一步，你选择谁？”

结婚几十年的伯母随口答道：“他先走，我帮他料理好后面的所有事情就来。”不要嫌弃你的鞋子脏，那是因为你走的路不干净。不要嫌弃你的妻子不够漂亮，那是因为她把曾经最美丽漂亮的时光献给了你。曾经帮助过你的人，永远都会帮助你，但是你帮助过的人就不一定了。曾经陪你过苦日子的女人，还会陪你过苦日子，但是直接和你过富贵日子的女人就不一定了。财富和名声随着岁月的增长在生活中如潮水般涨了起来，请一定要勿忘初心。因为只有当潮水退去后，当财富、名声消失时，你才知道谁是在裸泳，谁才是真正穿着裤衩爱你的人。

肉体是灵魂供奉的神殿

（1）

朋友聚会上遇到了林木，看到他时我傻眼了。这哪里是林木，明明是林“森”啊！胖了应该有整整80斤。他调侃道：“现在应该我打中锋了吧？你难道推得动我？”林木是大学时系里面的系草。篮球打得好，长得帅，还相当有才华。他曾经写过几首英文的情诗发表在校刊上面，风靡一时，吸引了好多女孩跑来班上问他的电话号码。

我问他：“你现在还打篮球吗？你这胚子还跑得动吗？”

他苦笑：“早就没打喽，天天陪领导奔赴酒局，晚上还要消夜啤酒搞起，你说怎么不胖？”

他掀开自己的衣服，要我看看他背上的脂肪粒。一摊一摊的肉，像是浮肿，相当震撼。我唏嘘不已。

彼时能熟背雪莱诗歌、眼神清澈、每日早读、坚持跑步、梦想做外交官的他，现已变得眼神浑浊、满脸横肉、臃肿不堪，早已不看书、不跑步了，还谈什么梦想？

曾经有人观察、统计过很多年轻人，尤其是男生，堕落都是首先从疏远了运动开始的。从学校毕业后，忙于工作应酬和放纵享乐，不节制饮食。当初清秀、俊美的少年，几年之后个个变得大腹便便，脑满肠肥，满身流油。你可以爱一个人卑微到尘埃里，但是没有人会爱胖得掉到尘埃里的你。不要在自己最美好的年岁里是个胖子。

（2）

记得看过一个电视情感节目。女孩子之前一直身材苗条，但是有了男朋友之后，放松警惕，放纵食欲，也没有再保持锻炼身体。男孩宠她："没事，你放心吧，不管胖瘦我都爱你，不要委屈了自己。"

可是等女孩真的暴涨几十斤肉，找不到工作，男孩这时候却抛弃了她，说父母不同意他们在一起。女孩于是痛定思痛，走过了很多血泪的经历，终于在半年内，又恢复了之前的好身材，同时找到了一个满意的工作。这个时候男孩又跑回来找女孩复合，要重新开始，说自己已经说服了父母。电视里，男孩又是山盟海誓，又是下跪，深情款款求女孩重新接受他。台下的观众为女孩子感到不值，劝她不要答应。后来女孩也觉得男孩太现实，没有接受他，观众为女孩鼓掌称赞。这是一个励志女孩的故事。

记得一句电影台词：大家一定要小心那些有六块腹肌的男人和永远保持好身材的女人，这种人拥有你所想象不到的决心和意志。

当你又瘦又好看，打开钱包全部是自己努力工作赚来的钱，常常护肤，爱看书，爱旅行，有自己独立的思想，做自己热爱的事情，你根本就没有时间去患得患失、猜东猜西、反复揣摩别人的心理。不依附，不谄媚，经济独立，人格独立后，你会发现很多事情变得很容易，包括爱情。

相信电视上的那个女孩会很快找到属于自己的爱情，爱别人之前，先要爱自己！

（3）

“一命二运三风水，四积阴德五读书”，如果你痛恨命运不公，又感觉迷茫，那就去锻炼身体和看书吧。当你锻炼完大汗淋漓，冲一个热水澡后，会感觉每个毛孔都充斥着舒服。当你读完一本书，把封面合起，无意间看到窗外云卷云舒，你会感觉灵魂特别安详和隽美。身体和灵魂都在路上的感觉妙不可言！

在大好的时光，不要总拿“顺其自然”去敷衍自己，真正的顺其自然其实是你竭尽全身所有的力量之后，再让老天来做最后决定，而不是两手一摊，毫无行动。一个“懒”字，足以毁掉你的一生，不管你有多么伟大的梦想，多么优秀的天赋。

富兰克林说：“我未曾见过一个早起、勤奋、谨慎、诚实的人抱怨命运不好；良好的品格，优良的习惯，坚强的意志，是不会被假设所谓的命运击败的。”

当你深夜刷朋友圈的时候，可曾想过苏东坡趁着月色划船入湖，在渔火中看遍万家书卷？当你沉迷于网吧游戏的时候，可曾想过徐霞客躲雨夜宿破庙，拖着疲惫身躯写下游历名山大川的千古奇书？当你因为感情矛盾懊恼不已的时候，可曾想过司马迁忍受着腐刑之痛，在泪眼斑驳中完成史家之绝唱？

锻不锻炼，看不看书，在每天看来没有什么区别，在每月看来差别也不大，在每年看来差距虽然明显，但好像也没什么了不起的；但在五年后再看的时候，那就是身体和精神世界的巨大分野。等到你10年后再看的时候，一种人生和另一种人生将会划开不可逾越的界限。

你曾经跑过的路，看过的书，它们都沉淀在你的精气神中。村上春树说肉体是每个人的神殿，不管里面供奉的是什么，都应该好好保持它的强韧、美丽和清洁。其实里面供奉的就是你的灵魂，只有不停地跑步，不停地读书，你的神殿才会香火旺盛。

流水不腐，户枢不蠹。人生苦短，必须性感。没有一个销魂的身体，如何支撑你强悍的灵魂？

想见不能见最痛

奶奶出身于地主家族，家族鼎盛时期连脸盆都是金子做的。受过高等教育的她，到财政局拨粮因为地主身份没有拨下来，遂心灰意冷下嫁给赤农身份的爷爷。受“五风”影响，人民公社余粮少、人数多，人均分配的粮食少得可怜，常常只能以树皮和草根充饥。有天，长夜漫漫实在饥饿难忍，爷爷他们兄弟几人跑到公社去偷粮食。后来事情败露，被队上的“周扒皮”知道了，跑到公社去举报。爷爷有三兄弟，玉和、玉宽、玉龙，其中小爷爷玉龙怕被干部拉出去批斗游街，一个人承担了罪责，当天晚上收拾行李，趁星夜逃跑至湖北监利，后来在那里安家，开枝散叶，百年之后遗骨还是运回了老家安葬，落叶归根。

就是在这样艰苦的环境下，奶奶和爷爷拉扯大了我伯伯、爸爸、叔叔和姑姑。奶奶相夫教子，爷爷忙完农活之后做点小生意。我的启蒙老师就是奶奶，我 3 岁的时候可以一口气从 1 数到 20，还会一些儿歌。1 岁到 3 岁时晚上大部分时间是跟着奶奶一起睡的，我的名字“卓”就是奶奶翻字典取的。我记忆中奶奶总是喜欢拿着一个蒲扇，蓄着短发，钱是拿手绢包起来的。奶奶最喜欢吃的是雪梨罐头，却总是藏几个在枕头下面，因为她知道我也很爱吃。那时印象最深的就是盆子上面的花纹，两个狮子中间一个火红的太阳。对奶奶仅存的一点点记忆就是 3 岁的时候一帧帧的画面拼凑的。

陆陆续续孩子们都长大成人，娶进来一个又一个媳妇。我妈妈说那时因为家里穷，她嫁给我爸的时候，奶奶就是请我妈吃了一碗面，然后扯了两尺布。膝下子孙成群，家庭和睦，本该是享受晚年的年纪，奶奶却因身体不适到医院体检，传来噩耗：患上了肠道癌！辗转求医，试遍民间所有偏方，走遍大型医院，毫无效果，身体日渐消瘦，本来并不富裕的家庭因为医疗费用更是雪上加霜。奶奶经常大口大口地呕血，眼神失去了光彩，脸色蜡黄，瘦到骨头仅仅包着一层皮。奶奶的病情给这个家庭笼上了一层厚厚的阴霾。癌症在当时属于不治之症，如果继续治疗下去，这个家庭会背上天文数字的债务，就算继续举债治疗下去也仅仅是延续几个月的生命。面对两难的局面，奶奶毅然做出了决定！一个大雪的傍晚，奶奶唤来附近一个精神错乱的傻子，给了她一把糖果。傻子帮忙把一丈白布悬于杂屋的屋檐上后，奶奶对傻子说：“等会儿我吊上去玩玩，你帮我把椅子移开。”然后傻子照做了。等家人发现，奶奶早已断气。面对挚爱的家人，奶奶怎么会忍心把沉重的债务留给他们，哪怕是要失去自己的生命！后来爸爸告诉我："其实你奶奶死了是好事，那么痛苦，死了也就解脱了。给你奶奶送葬的时候，我没有流一滴眼泪。"

那年我4岁。在奶奶逝世之前，我和我弟弟在家烤火，因为家里没人，我和我弟弟穿着袜子就跑到外面的雪地里找妈妈。我和我弟弟都看到一个人长得像奶奶，短发，穿着解放时蓝色的粗布解放外套，运了好多山里的竹根到屋顶。至今我和我弟弟都还记得那个画面，我也一直不解，为什么她要运那么多竹根到屋顶？她是怎么把几十斤一个的竹根运上去的（根部包含泥巴）？

长大后有一次用手机放梁静茹的歌曲《会呼吸的痛》。当听到歌词"想见不能见最痛"时，爸爸说写得真好，人生最痛莫过于想见不能见。想你奶奶了也只能跑到她坟头除掉所有杂草，种上野菊花，焚香，说上好一段话。很长一段时间，我心里一直就没觉得她已经离开了我，多少次出现在我的梦里时，她的脸庞甚至是她的笑容、她额头上的皱纹都是那么真实，仿佛我一伸手就能摸得到。我不想"正式"地向自己宣布这个事实，我不愿意承认。

落叶他乡树，寒灯独夜人。如今常常作客他乡的我，在每年的冬天下雪的时候，都会想起奶奶，每次去超市看到雪梨罐头也会想起奶奶。奶奶，您在天堂还好吗？请您经常到我梦中来，以解思念之苦！

画海的老人

大学毕业后，我因为感情和工作都不顺利，心情异常烦躁，吃饭没味、看电影没味、读书没味，好像做什么都没味。我的整个灵魂被剥离开来，如同行尸走肉般，觉得人生没有意义。有几个朋友邀我去海南旅行，正好无所事事，于是答应南下。

我们住的地方靠海，有一片细软白净的沙滩，沙滩上面有沙滩椅和太阳伞。可是海浪的声音很大，晚上辗转反侧难眠。本来睡眠质量就不太好，何况有这么大的海浪声。起来独自绕阶行，不知不觉走到海边。凌晨三点多钟的海滩，没有白日的嘈杂和喧闹，显得有几分安逸和平静。潮水把白天的脚印都淹没，退去的时候又恢复成一片洁白整齐的沙滩，像一卷空白的画布没有任何沾染。小螃蟹听闻我的脚步声，纷纷躲到洞穴，在洞口爬行时留下一排排脚印。

咸湿的海风从远处吹来，不远处微弱的光线引起了我的注意。难道有渔民准备下海？我带着好奇走近灯光。

原来是一个老人夹着画板在画画，黑白画，画的正是海。老人鬓角星星，身材精瘦，但是神采矍铄，眼睛好像有微弱的光流出。他打量了我一下，没有作声又继续画画。我也默默地看着他拿起画笔飞舞。反正睡不着，不如看看这个老人画画吧。画中滔滔白浪从天际滚滚而来，银白皎亮的波涛相互推涌追逐，由远而近，越近越高。波涛宛如千军万马夹着雷鸣般的轰隆声奔腾而至！我看着看着入了迷，竟然可以画出如此境界，真是神了！

我对老人的敬佩油然而生。等他画完收起画架，我递上烟，开腔搭话:“老人家，您怎么这么晚还出来画画啊！”他单手夹过烟，说:“你不也出来了吗？我最近正在练习画夜晚的海呢。”

“您画得这么好，想必画了很多年了吧？”“嘿嘿，画了几十年喽！每天我都要画一次，只是好这口而已。”几十年，每天都要画一次，那得画多少次海啊，难道不厌烦吗？我的心被强烈震撼到了！

“您得多么喜欢这海啊，几十年如一日地坚守，而且这海时刻在变化，怎么画啊？”老人坐下，从容地从口袋掏出打火机点上烟。长吸一口，说:“我从小在海边长大，对于海有特殊的情结。你看见的海在时刻变化，但是我画的是我心里的海，海的画面已经静止在我心里。大海其实是有生命的，它神秘莫测，变化多端，时而波光粼粼温柔如母亲，时而面目狰狞咆哮如野兽；日出时的大海，日落时的大海，涨潮时的大海，退潮时的大海，都美得让人心醉。它每一刻都在变幻，但是每一刻都有它的美丽。中国自古没有一个画海的大师，是因为相较于画山水画，画海景画实在是太苦了！”

我好像领悟到了什么东西，大海常常在变化，人生也是常常在变化，人生不就是如同这大海吗？人有悲欢离合，海有潮涨潮跌。静物是凝集的美，动景是流淌的美；直线是畅达的美，曲线是蜿蜒的美；喧闹的城市是繁华的美，宁静的村庄是清雅的美。生活中处处都有美，我又何曾用心留意过呢？置身于海边，和这浩瀚的大海相比，人生各式各样的烦恼挫折无奈痛苦又算什么呢？沧海一粟罢了！

老人说完也抽完烟了，转身准备离去。我追问道：“您的海景画得这么好，拿去参展马上可以出名咧！”“可是被那些名利缠绕，我还能每天画海吗？”结尾的话意味深长。

自此以后，不管生活遇到多大的困难，我都会持一份释然的心情看外面世界的云卷云舒，潮起潮落，星聚星离。这么多年过去了，我也没有留老人的电话，不知道他现在怎么样。但是老人每天执着画海的精神，影响了我的整个人生。

人生就是听不完的海浪，看不完的繁星。

人生就是听不完的海浪，看不完的繁星。

You're just pretending to be very hard

Part 5 感情的事，年轻的你无须伪装

你以为你放不下他，其实你是放不下为了感情努力的自己！

人有三件事情，永远都会觉得自己没有发挥好：考试；和贱人撕逼；和男神（或女神）约会。

经济学上有一个概念叫沉没成本。沉没成本是指由于过去的决策已经发生了的，而不能由现在或将来的任何决策改变的成本。人们在决定是否去做一件事情的时候，不会去看这件事对自己有没有好处，而是看过去是不是已经在这件事情上有过投入。比如，没有抽完的烟，你觉得是花了钱的就应该全部抽完，不会考虑它对身体的伤害。你花了大价钱订了一桌宴席，吃到一半发现自己已经饱了，你还是会继续撑着吃下去，而不会在意是否会让胃受到伤害，然后去看医生，花掉更多的钱。因为这个烟/宴席你已经花了钱，不然亏了。同样的道理：你在前任的身上投入了大量的时间、金钱、精力，让你放下谈何容易？因为你已经投入了这么多，就算它再伤人，你也不会放弃。你以为你放不下他，其实是你放不下在他身上投入的沉没成本，放不下为了那份感情努力的自己！你在他身上的投入已经发生且不会改变，你唯一可以做的就是过好将来的自己。

至少 90% 的人都有过前任，分手时风平浪静，其实内心早已翻江倒海。他们对我们的影响，就像是一个溃烂的伤口，久久难以愈合。心理学有一个心理现象叫“未完成事件情结”，我们对于事情的有始有终有时候会有一种近乎偏执的渴望。分手，可以；可是，为什么呀？你必须得让我明白。遗憾的是很多时候连想要转身离开的人都未必搞得清楚原因是什么，又或者有些明白可是又不好说明白，于是就模糊着。不过，这就留给了被分手的当事人最为难过的结，得不停地责问对方为什么，不停地拷问自己哪里不好，不停地质问别人，那个替代我的人到底哪里比我好了。对于有这种情结的人，可以给自己写一封信，对过去的自己做一个告别，把这件事情最后完结，或者随着岁月的累积最终找到答案或者忘记答案。时间不会让你忘记疼痛，只是让你习惯疼痛，然后再也不疼。

两个人相处有开心的事情也有不愉快的经历。可是记忆有一个奇怪现象，它会自动过滤掉曾经不愉快的细节，然后留下美好的回忆。然后剩下的人被这些美好的回忆反复折磨，伤口溃烂、体无完肤。人类忧愁的大部分缘故，是不是记忆力太好?

感情里，不管对错，深情从来都是被辜负，只有薄情才会被反复思念。你以为他是高冷的人，其实他只是暖的不是你。

失去之后就不要贱，不要见。

你为何总是感觉不快乐?

佛语中有八苦:生苦,老苦,病苦,死苦,怨憎会苦,爱别离苦,求不得苦,五蕴炽盛苦。佛说人生本来是苦的,但是苦有苦因,修道的终极意义就是把苦因去除得到安乐。所以我们看到得道高僧一般都是一脸安详、满身光芒,总是和大慈大悲的菩萨联系到一起。因为他们的内心很安详,或者说是很快乐!

我大学毕业后,参加工作后的几年中,不管工资有多少,或者是看了捧腹的喜剧电影、遇到了搞笑的人,一直都郁郁寡欢,直到有一次在外面培训英语课时,遇到了一个英语老师叫孙阳。他的自我介绍就是这样说的:“你好,我叫孙阳,齐天大圣孙悟空的孙,太阳的阳。与天同姓,与日同名。”说完露出浅浅的酒窝。他真正让我印象深刻的不仅仅是这一段自我介绍,而是我每天看到他的那种爽朗的笑脸。那种纯真的、快乐由内而发的笑容。我非常好奇的是他怎么那么开心？难道是他家庭条件优渥，不用担心生计问题？但是他出身于农村，家庭条件很一般，吃穿都很朴素，显然不是这个原因。难道是他有一个漂亮美丽、温柔贤淑的女朋友？我看他 QQ 空间说说显示他刚刚分手，还友好大方地祝福女方转身遇见更适合自己的。那究竟是什么原因呢？后来我和他深交之后才慢慢发现他快乐的真正原因（可能他自己都没有发觉）。然后我总结如下：

热爱自己的行业。他本来是读计算机的，可是到大学后才发现自己根本一点儿都不喜欢计算机，那是父母强烈要求他读这个专业的。通过几次上大学公共英语课，他发现了自己对于英语口语课的浓厚兴趣，然后一发不可收拾。毕业时他的计算机课程仅仅是拿到文凭而已，而他的英语口语水平达到了很多英语专业的学生都不可企及的高度。他毕业后马上就找到了英语口语培训的工作，然后他对于自己的职业生涯有翔实的规划，每天都朝着自己的目标努力。

有自己坚定的信仰。中国大部分人得意时信奉儒教，失意时信道教、佛教，而在教义和自己的利益相背时，他们会说，“人定胜天”。中国人当代的信仰危机在于，经常改变信仰。当有求于佛的时候，才会去寺庙烧香跪拜，平时根本不会想起佛。我们常常在羡慕儿童免除性烦恼，天真无邪的同时，自己却选择快速地结交新男女朋友，又快速地和新男女朋友分手。当下中国人做事太浮躁和功利！而他一直有自己坚定的信仰，他一直崇拜所信仰的人物，甚至买来有关这个人所有的书籍，反复阅读。

长效健康的习惯。我们按照持续性和反馈，可以把我们的习惯分为四类：一、有持续性、有强烈愉悦感的习惯。如和行业内的大佬探讨行业的趋势，大佬给你分享他的经验和心得，参加行业内的交流会议，了解整个行业内的政策和行业困境，并且由大家提交解决方案，看一本影响终生的书籍等。二、持续性短、有强烈愉悦感的习惯。如吃一顿大餐，买一身漂亮满意的名牌衣服，看一场笑得眼泪都出来的电影等，都是隔几天就失去兴奋，当时很满足的习惯。三、有持续性、没有强烈愉悦感的习惯。如练习毛笔字、朗诵诗歌、健身、写作等。四、持续性短、没有愉悦感的习惯。如漫无目的地刷微博、微信朋友圈，看完一篇剧情狗血的肥皂剧，参加朋友强烈要求但是自己并不喜欢的聚会等。我们要尽量多养成一、三类似的习惯，尽快减少二、四类型的习惯。如果你想尝试做一件自己喜欢的事情，那么请你迈出第一步。只有迈出第一步后，你才会发现越来越多的同行者。如果你整天念叨着自己喜欢的事，却连迈出第一步的勇气都没有，那么请不要说你喜欢它！

良好的人际关系。父母、伴侣、朋友的关系需要经营。不要一味地向父母索取，把你养大成人，他们的责任已经完结。如果你持续性地对父母进行抱怨、冷漠、索取，那么亲情关系终将恶化。坏的伴侣毁掉你家庭的三代（父母、你、子女），良好的伴侣始终是共同成长。树支撑藤、藤缠绕树的灵魂搭配，是良好情感稳定的保障。朋友不在于多，走心就行。不要高估你在别人心中的地位，其实你并没有那么重要。

三毛说过:“我们不肯探索自己本身的价值,我们过分看重他人在自己生命里的参与。于是,孤独不再美好,失去了他人,我们惶惑不安。”我们太在乎不相干的事情,而不够爱自己,这就是你不快乐的原因!所以,从明天起,请真正地爱自己,而不是纵容自己!刻苦读书,锻炼身体,谦卑做人,努力工作,把自己的根深深扎进土地,日后定会枝叶繁茂!

修自己的栈道,读自己的佛经。

努力改变原生家庭对你的影响

弗洛伊德曾在书中提过："人们选择将来的伴侣有两个标准：一、对自己童年有重要影响的人（一般是自己的父母）；二、和自己性格、习惯、兴趣爱好相近的人。"

80% 的子女长大后从他们身上可以看到其父母的影子，按照以上理论，在理想的情况下，子女找到的对象和这个家庭"气质"的吻合度非常高。这就是中国俗话说的："不是一家人，不进一家门。"

那么父母对自己的子女伤害有多大呢？

这是一座冰山，童年时期的孩子基本上就是水上面的部分，水下面的部分父母和孩子自己都不知道。随着年岁的打磨，在这座冰山下面会形成一个巨大的水下冰山。人最不了解、最难了解的人其实就是自己。

我家是开零售店的，夏天很多家长会带着小孩子来买冰棒，然后问小孩想吃哪种。当小孩说想吃雪糕，家长会说："雪糕不好吃，吃冰激凌好不好？"有趣的是，另外一些小孩说想吃冰激凌，他们的家长却说："冰激凌不好吃，吃雪糕好不好？"

这时候小孩是什么反应呢？

他们只是噘着嘴巴接受了。

小孩子为什么不反抗？如果是青春期的孩子多多少少都会表达

不满，而2岁到12岁还处在对父母的崇拜期，他们会对父母说的话“深信不疑”或者只能接受父母的安排。不否认父母相对年幼的孩子的确更有经验，很多情况下他们也是对的（比如安全、卫生、健康方面），但父母这种权威的、强势的态度有多少是跟着孩子的成长在改变呢?

当孩子慢慢长大，有自己的意见时，家长往往用“都是为你好”“不听我们的话你会后悔的”来强迫孩子接受自己的安排；

有一种寒冷叫你妈觉得你冷；

有一种饥饿叫你妈觉得你饿；

有一种快乐叫你妈觉得你快乐。

爱成了绑架控制的手段。

我有一个同学，母亲控制欲超强。举个例子，她妈妈半夜两点睡不着，把她和她爸爸全叫起来开家庭会议，让他们两个说清以后还想不想过。她很震惊，不知怎么没头没脑地来这么一出。她哭了一晚上，最后她的妈妈折腾困了，才放他们去睡觉。平时她在家大气都不敢喘，她妈对于她选读文科还是理科，竞选什么班干部，大学期间不准谈恋爱等都是需要强制干预的。有次她和父母去电器店预订了一款冰柜，款式是她选的，然后回家等收货。晚上的时候，冰柜到了，送货的人送到后急着走，盖章后放下冰柜就走了。打开后发现冰柜有一个腿是坏的，这个时候，她妈妈大吼她：“你眼睛是不是瞎！这么多冰柜你就能挑到坏的！”她爸爸急忙给送货的人打电话，等人家再回来的时候，她已经被骂两个多小时了，眼睛哭得肿成一条缝。她妈妈当着客服的面，又骂了她很长时间，连带客服也挨骂，直至现在她还是非常懦弱的人。

强势的母亲一般会生出胆小的孩子。我家里也是母亲强势，爸爸随和，母亲是远近闻名的“母老虎”。如果把家比喻成一个王国的话，爸爸是未成年的“皇帝”，妈妈则是垂帘听政的“太后”。由于家教严格，我初中时当着全班的面说话还是畏畏缩缩，抖得像个鹌鹑，一和女孩子说话就脸红。我从小就调皮，有一次晚上我和弟弟跟着别人出去玩，半夜 3 点才回来。回家后被妈妈要求跪在搓衣板上面，先跪一个小时，然后用鞭子抽打。我弟被打还会逃跑，但是每次我被打，我都不会跑。不知道怎么想的，反正就是觉得逃跑就不是好汉了吧。每次鞭子印周围都会肿起来，在手臂和背上形成一条条的沟壑。等她发泄完，一般我的全身都没有好肉。我外公和我妈妈不同，他打人的风格是穿皮鞋，用脚踹。有一次我用刀子把桌子划花了，父母当时都外出打工了，外公把我堵到门弯后面，用脚使劲踹。外公为数不多的外孙，被打最多的是我，因为我最调皮。那时当我发现比自己年纪小的弟弟或者表弟做错事的时候，我也会学妈妈和外公，对他们进行体罚，显然他们的行为已经影响了我！

随着年岁的增长，认识开始变强，我意识到要逃离长辈们的影响！小时候喜欢看课外书。爸爸每次看完的《故事会》《知音》都会放到二楼。我经常偷偷躲到二楼看这些书，被弟弟发现后，他就宣称是“黄色书刊”，就会向妈妈告密。她是绝对不允许我看这些书的，每次都免不了课外书被烧、扯烂等。她的行为也阻止不了我，只是行为更隐秘了，把书偷来转战到了三楼看。为了把自己的胆量练大，说话不紧张，高中时候就经常竞选班干部。我知道自己很不想去，但是不给自己留退路，一次一次逼迫自己。为了和女孩子说话不脸红，就硬是逼着自己去找同班女同学请教题目。请教次数多了，有个女孩以为我喜欢她，然后让另外一个女孩来试探我的想法。为了脱离父母的经济束缚，读大学的时候我就做兼职。2009 年那年整个外语学院新生的英语字典都是我卖给他们的（学生时代算是赚了一笔巨款），后来得到一个外号“字典学长”，“五一”或“十一”假期的时候就做旅游代理，一个一个宿舍去发传单。当时最自豪的就是旅行社一个很大的巴士开到我们学校门口，上面坐的都是我拉的游客，还有开学时候卖移动电话卡啦、送桶装水啦等。逃避父辈的影响历程，其实相当辛苦。

外国的一个著名心理学家说过：“青春期反抗家庭的影响，建立了伟大的分水岭，推动整个人类文明的发展。”

依据布朗芬布伦纳的生态系统理论，从微系统（父母）、外层系统（社会规则）、宏系统（社会文化），以及处于生态系统中的个体因素（儿童）对儿童反抗父母控制的产生机制，我觉得子女面对父母的影响留下的痕迹可以分为 3 个层面：

1. 变成你父母那样的人，按照你父母的观念和认知去生活。很多事情因为没有其他人可以教你，你唯一可以学习的对象就是你的父母。

2. 长大后不受影响，根据外部社会，形成自己全新、独立的三观。

3. 有清晰的认知意识，把父母的观念取其精华，去其糟粕，形成自己完整、完善的认知，并且按照这种认知对待自己的后代。

具体每个人会受自己父母的影响有多大，要看自己的人生经历和自己什么时候意识到这个层面。

最后，我不是宣扬大家去仇恨自己的父母。父母对子女的爱，是天底下最伟大、最无私的爱。乌鸦有反哺之情，羊羔有跪乳之恩。他们对你不管是正面还是负面的影响，都不能成为你不孝顺的理由。他们只是有局限性，按照他们认为对的方式对待你，他们也是从自己的父辈那里学来认知而没有这个意识去过滤（如我妈妈从我外公那里学来体罚，我外公从我外婆那里学来体罚）。

每个父母心中都有一个永远长不大的“内在小孩”，他们对你的感情都是这个“内在小孩”折射出来的。这是他们思维的局限性。

大叔家里有草原也有炸弹

每一个少女心中，都有一个大叔在奔跑。

年纪大长得帅又有钱的叫大叔，年纪大长得帅没有钱的叫大伯，年纪大长得丑没有钱的叫大爷。下文大叔都属第一类。

看电视剧《蜗居》的时候，宋思明完爆小贝。宋思明不幼稚、不慌张、不迷茫，有安心感、安稳感、安全感，集权利、财富、知识、颜值于一身。内心强大知收敛，温柔耐心有童心。而相较之下的小贝，抠门、幼稚、没钱、没能力还经常惹海藻生气。久而久之，海藻内心的天平自然会向宋倾斜。

追究少女迷恋大叔的原因，如下：

恋父情结。大部分女孩都或多或少有恋父情结，成熟有魅力的男性对女孩天生有着吸引力，如果大叔有钱有学识再加个脸，简直杀必死。

懒惰的天性。女孩喜欢大叔就是不愿意自己努力去结识和培养一个大叔出来，而想在自己年轻的时候直接去享受未来的东西。你看到的他对你绅士、温柔，都是他之前的无数个女朋友教会他的。大叔就好像是一款别人调试过的软件，方便好用。但是他一身 bug（病毒）的时候，你只是没有赶上而已。

想当宝宝。大叔宠你，爱你，以你为中心，捧在手里怕掉了，含在嘴里怕化了，每天送给你鲜花礼物，给你过每一个能叫出名字的节日，有矛盾了，仅仅是你在闹，而他在笑。而同龄的男孩可能忙着打游戏忘记了你，忙着狐朋狗友应酬忽略了你。宝宝心里苦，但是宝宝不说。人难免天生有自怜的情绪，自然奔向大叔怀抱。

令人失望的同龄男孩。女孩天生发育比同龄男孩早，往往会觉得同龄男孩心理不成熟，缺乏大叔拥有的坚毅、担当、怜惜、付出的精神，觉得他们还多处在程度不同的胆怯、懦弱、逃避、自私阶段。

大叔社会经验丰富，一眼就看穿少女伪装的坚强。大叔多金又豪爽，基本上都可以满足女孩爱慕虚荣的欲望。爱上你这匹野马，大叔家里有一片草原，任你驰骋。但是也有几颗炸弹，勿进，分分钟让你粉身碎骨。

以前在单位上班的时候，和一个很漂亮的女孩比较聊得来。她的男朋友就是一个大叔，比她大 20 岁。一开始同事们都不能接受，总是刺激她，跟她开玩笑说那是你爸吧。可是看到他们小两口幸福又甜蜜的样子，就都没有作声了。午餐的时候，她拿着男朋友准备的营养爱心午餐，说：“他能够照顾我，对我非常好，每次在我伤心难过的时候，他都可以安慰我。”后来有一次我私下问她：“你哭的时候他安慰你，那他哭的时候，你可以安慰他吗？”

她怔怔看了我很久，没有说话。过了几天后，她跟我说：“我知道怎么回答你这个问题了——他是坚强的男人，男人是不会哭的。”

不到半年，他们分手了。大叔把公司搬离了她所在的城市。我在微信上面问她分手的原因，她说他人挺好的，就是很难进入他的内心世界。是啊，人家想的是怎么投资，怎么管理公司，而你想的是今天穿什么衣服，明天要去买什么包包。你在痛苦的时候，他会安慰你。可是他在痛苦的时候，你却想着隔壁商店那双没有买到的高跟鞋，即便是你诚心要帮他也帮不上忙。这样的关系本来就不是对等的，同床异梦，又怎能是一条路上的伴侣？

最好的伴侣，是能用灵魂平等地去交流。树与树藤在同一片土壤生长，相互成长，在风中相互缠绕。在最无助和软弱的时候，最沮丧和最落魄的时候，可以相互保护。比如媒体频频提到的绝好的一对：杨绛和钱钟书。

灵魂如无对等交流，感情也就到处流浪。

每一个选择就要承担一个选择的后果，父母要做的事情就是清楚告诉孩子每个选择的后果，并且尊重孩子的选择，不能过多干预；告诉孩子一旦做出选择就要忠于自己的选择，承担后果。将来无论是吃粉丝还是鱼翅，坐巴士还是开奔驰，都要自己负责。

我的孩子正在慢慢长大，将来也会参加高考。我想我在高考前一定会对他说："孩子，你高考只是为了自己而考，不是为了爸妈，也不是为了老师，不为任何人。考得好就可以进入更好的大学，认识更多有趣的人，看到更精彩的世界。如果你没有考好，不管你将来过怎样的人生，爸爸妈妈还是会同样地爱你。"

父母与孩子一辈子的缘分终将完结，路程只能为他遮风挡雨送到一半，前方的路不管是中考还是高考，他都要勇敢，一个人走。

因为送完这段路途，无论爱与不爱，都不会再见。

一颗灵魂唤醒另一颗灵魂

周末去朋友家吃饭，朋友夫妻俩在厨房忙活，我坐在沙发看电视。朋友6岁的女儿跑过来问我："叔叔，你吃棒棒冰吗？"我说："叔叔不吃噢。"女孩说："我想吃棒棒冰，可是我吃不了一根，你帮我吃一截好不好？"我说："好吧。"于是她跑去冰箱把棒棒冰拿出来，打开拧下来一截递给我。但是我没有接住，掉地上了。女孩马上捡起来，把手里干净的递给我，自己用水冲了冲那截地上的，然后津津有味吃起来了！女孩吃完棒棒冰就去书房看故事书了，而没有和我抢电视看。多么有教养的孩子啊！

吃饭期间，我问朋友："女儿这么懂事，应该花了不少心血培养吧？"朋友说："培养？我们没有刻意花心思培养哦，顺其自然。"一开始我不信，后来我深信不疑。朋友是一个儒雅的人，喜欢看书，家里到处都是书。餐厅、卧室、书房、厕所、阳台，随处可见文史哲书籍。他爱人是大学老师，开朗爱笑，做得一手好菜，她比较喜欢情感和艺术方面的书籍。他们家很少看电视，周末给女儿看一小时动画片或者家里来了客人给客人看，吃完晚饭后就出去散步半小时，回家后就聚到一起读书。夜色柔和，灯光缱绻旖旎，各自泅泳在自己的人文世界里。女孩有什么不懂的章节就问大人，大人就放下手里的书，微笑着耐心解释，一家三口其乐融融。女孩生在这样浓厚的文化氛围中，热爱读书不过是非常正常的事情，就像吃饭、呼吸、睡觉一样再正常不过。他们非常重视女儿的意愿，没有任何敷衍的成分，一般的事情女儿都可以做主，朋友夫妻俩又都是非常温文尔雅的人，做事有礼有节，考虑别人的感受，言传身教，肯定不要刻意培养啊！

最近做初中招生工作时，接触到一些班主任。他们说曾经有一个学生在学校跳楼自杀。因那个学生上课期间喜欢做小动作，老师批评了她几句,于是那个女孩就跳楼自杀了。她跳楼前说了一句:“老师，再见。”挥一挥手，就转身跳下，拦都来不及拦！究其原因，原来女孩家里父亲经常喝酒家暴，母亲经常自杀上吊闹离婚，女孩经常都是没饭吃就跑到奶奶家里蹭饭。于是女孩就有强烈的厌生情绪。老师的批评只是诱因，本来这个女孩就有轻生的念头。现在的熊孩子老师根本不想管，曾经有一个熊孩子喜欢欺负同学，玩恶作剧，上课大声喧哗，老师和他斗智斗勇，实在没有办法了就把他的座位调到角落。于是第二天那个熊孩子的妈妈就找到学校大闹一场，说学校歧视孩子，要闹到教育局去，要找媒体曝光。现在的熊孩子家长就是以前的熊孩子长大了，熊孩子身上不好的品行都是学他的家长的！现在很多家长自己的子女教育不好，寄期望于老师，老师也是回天乏力的。孩子就是一个家庭的缩影，一个问题学生所处的原生家庭肯定是充满问题的。

良好的亲子关系非常重要！我曾经在公交车上认识了一对母子。他们在公交车上一起背诵李白的《将进酒》，孩子记不住的地方，母亲会稍微提示一个字，背诵完诗歌就背诵英文，不对的地方母亲也会马上纠正。每天会在孩子上学的路上，准备一个笑话，孩子就是为了听笑话，才每天高兴地去上学。三年级的时候，孩子的功课突然增加很多。孩子也有很重的厌学情绪，但是家长会主动引导孩子发现学习里面好玩的地方，让孩子主动培养学习兴趣，克服厌学情绪。周末的时候，父亲会带他去参观文物古迹，给他讲历史故事，或者去大学里面看书游玩，遇到很多教授和大学学霸。他们那种对学术的痴迷和对知识的尊崇，令他触动很大。这样的孩子功课怎么可能会不好啊！

曾经听过一个故事，说是一个单亲工人家庭的孩子，家里非常穷困，孩子成绩非常差。家长会上，老师找父亲谈完话之后，父亲苦闷思索，抽了一晚上的烟，终于想到一个办法：孩子每天放学后，把老师教的内容，重新教给父亲一遍，父亲和孩子一起学习！结果这个办法效果显著，孩子发觉自己每天的学习意义非凡。一直到孩子考重点大学，父亲才没有和孩子一起学习，坚持了那么多年，父亲也学到了很多东西。所以，我不相信世界上有学习成绩不好的孩子，只有不会用心的父母。

陪伴和参与，不是你站在孩子身边玩手机，而孩子一个人在做作业；不是你在打着麻将，而孩子一个人在书房看书；不是你在追着肥皂剧，而孩子一个人在玩着积木。真正的教育是一起学习共同进步，是一棵树摇动另一棵树，一朵云推动另一朵云，一颗灵魂唤醒另一颗灵魂。

如果你希望你家里的孩子成为“别人家”的孩子，自己就首先成为“别人家”的父母，好吗？

你有多久没有哭了?

回老家的时候，村里的李大爷因急性脑出血刚刚去世。哀乐连续放了5天，又是请乐队又是唱花鼓戏，葬礼被几个儿子办得风风光光。乡亲们惊奇地发现李大爷的老伴王奶奶在葬礼上，居然没有流一滴眼泪。

她只是开始变得神神道道，念念有词。老伴送葬上山入土的那天，满天的纸钱，绵延不绝的炮仗声，几个孙媳妇都哭得妆容凌乱，可是王奶奶还是没有哭。于是很多人开始指责王奶奶：铁石心肠，不念一点夫妻感情。

一天傍晚时分，暮色很浓，我刚好从县城回村里。经过村口的石桥，发现一个人坐在树下，神色焦急地望着远方。凑近一看，原来是王奶奶。

我好奇道:“王奶奶,你怎么还坐这里?马上天黑了,会着凉哦。”

王奶奶没有回答我的问题而是径直问我:“看见你李大爷了吗?现在这个时候不是应该下班了吗,怎么还没看到回来!”

李……李大爷,不是去世了吗?我心里嘀咕。我看王奶奶情形不对,于是急忙打电话给了王奶奶的儿子。

她儿子接到电话好像是知道这个事情,过了好一会儿才开车来接王奶奶。劝了她好久,说李大爷出差了,她才肯回去。

王奶奶临走时还说:“怎么就出差了呢?怎么没有告诉我咧?”

后来母亲告诉我,王奶奶自从李大爷去世后,就已经神志不清了,只记得每天傍晚到村口去等李大爷下班。李大爷平时骑的是自行车,王奶奶每当远远看到歪歪斜斜的自行车从小路驶来就会欣喜万分,靠近发现不是后又失落万分。王奶奶把自己困在曾经等待老伴下班回家的这一段蜿蜒的小路上,屡屡回回、重重叠叠,直到记忆不复存在。

生日的那一天,忽然特别想吃百合。可是跑遍整个菜市场就是找不到百合。或许对于外公的记忆就只剩下那一盘百合炒肉了吧。但是每每看到百合还是会想起和外公的一些往事。记得外公死的那年,我9岁。姨父给他盖上了寿被。暗红色的寿被发出暗沉的光芒,吓得我不敢靠近。年幼的我当时只知道:我那百合炒肉做得超级好的外公,我那娶了几个老婆都被病痛折磨死去的外公,我那因为我调皮捣蛋穿着皮鞋使劲踹我的外公,那因为担心我中午没饭吃走路几公里给我送饭的外公，再也不会醒来。

每年大年三十的晚上，我在冥币的信套上写上外公的名字，背面大写一个“封”字，对着外公故乡的方向焚烧。外公当年的好和恶像是我曾经服下的一颗毒药，等到多年后每每夜深人静的时候才会隐隐发作，心如刀绞。人类忧愁的大部分缘故，是不是因为记忆力太好？

前段时间看到一个帖子引得我瞬间泪崩感动。帖子中写到该网友无意中点进了已故5年多的高中同学的QQ空间，却发现自2010年同学不幸离世，至今5年多的时间里，同学母亲一直坚持不断地在儿子的QQ空间留言板上留言。看着留言板上的字字句句，感触颇深，简直不敢想象这位母亲是如何度过这5年的日日夜夜的。尽管QQ空间的主人已不在，但他的至亲还在深深地思念着他。曾经有人问我：很想念一个人是什么感觉？

我想莫过于：王奶奶把自己困在等待丈夫回家的蜿蜒小路上，在世的亲人被外公的魂魄困在和我们曾经相聚的地方，留言的母亲把自己困在儿子的QQ空间里面……回忆是一座桥，通往寂寞的牢笼。有的人画地为牢，把自己困在里面，一遍一遍用回忆舔舐自己。有的人行号卧泣，四处游走。

思念到极致，我把我自己永远困在曾经有你的地方。就像是车子的后轮永远也赶不上它的前轮，于是它只能滚遍前轮滚过的每一寸土地。是不是走完所有关于你的凹凸记忆就可以忘记你?

看完了，不要哭。如果实在忍不住，就悄悄地痛哭一场吧，哭完再重新面对每一个尘土飞扬的日子。

两杯水的感情

（1）

周末去伯父家做客，伯父倒给我一杯茶后就进了厨房，和伯母一起在厨房忙碌。伯父洗菜、切菜，伯母炒菜。两个人有说有笑，忙得不亦乐乎。

我坐在沙发上面看电视，不时听到说笑声从厨房传出来。到了吃饭的时候，我帮忙从厨房端齐菜品，摆满了一大桌子，馋得我迫不及待坐上桌。伯父最后不紧不慢地从厨房端出两个杯子。我以为是多余的汤汁，就没有多在意。伯父把其中一杯推到伯母面前时，我发现原来是两杯满满的清水。伯父喜欢吃咸的，伯母喜欢吃辣的。伯父吃到辣的就先过一下清水再吃，伯母吃到咸的也过一遍清水。

当初伯父伯母结婚的时候，很多长辈都反对，一个是北方人，一个人是南方人，怕合不来。可是他们结婚几十年了，一直都是相敬如宾，恩爱有加，是大家心目中的模范夫妻。伯父一家人性格都很温和，进到家就感到很有爱，让人感觉特别舒适和宁静。

今天我终于明白他们感情好的原因了。所有的爱，原来都需要双方的努力和坚持。餐桌上面的那两杯水，见证了他们为了爱情的坚持和付出。为了迁就对方，愿意放弃自己原先的味道，逐渐习惯另外一种人间味道。

（2）

说一下我小姨的事情吧。那是一个上世纪的爱情故事。小姨和姨父经常去公社看露天电影，一来二去就认识了，而且不可救药地爱到一起。姨父经常给小姨写情书，小姨把情书锁在抽屉里面。因为抽屉空隙太宽，母亲就用手去抠，意外地抠出来几封。母亲忍不住告诉了外公，于是小姨她们两个人的恋情暴露了。外公和舅舅都坚决不同意：你要嫁给他我们就断绝亲情。因为当时姨父的父亲已经过世，只剩下孤儿寡母，家里只有一间土坯房，穷得两眼一抹黑。

姨父比小姨大了八岁，而且他已经和别人订了婚。姨父的母亲也不同意，既然已经订了婚，礼金都送出去了，不要再糟蹋钱娶别的女孩了。既然都不同意，于是小姨和姨父在大家都不知道的一个傍晚，趁着夜色，私奔了。

那年母亲刚刚和父亲结婚。姨父和小姨像是消失了一样，杳无音信。所有的人都非常着急，担心他们的安危。两年后的某天晚上12点，那时我一岁多，晚上吵着要玩。母亲正弯着腰，扶着我学走路。忽然，窗外传来熟悉的声音："姐、姐，是我，快开门。"

母亲打开窗户，一看是小姨，顿时眼泪珠子滚落了两行。入屋后小姨把我抱在怀里说："一转眼，桌子长这么大了。虎头虎脑的，蛮可爱咧。"母亲回忆往事时，告诉我这些，那个画面现在仍然历历在目。

不知道姨父和小姨在他乡经历了多少生活的磨难，人生地不熟的，可以坚持两年。最后实在没办法才回家。外公和舅舅还是坚持反对，于是小姨只得断绝亲情含泪嫁给姨父。据说那天还摆了一个断绝亲情关系的仪式。外公是一个男权主义者，固执、冷血又非常封建迷信，坚持要小姨给外公和舅舅敬了两杯茶，从此断绝父女关系和兄妹关系。有二十几年亲情的茶，重得小姨端起来双手发抖。一杯茶是割舍多年的亲情，一杯茶是履行山盟海誓的爱情。为了爱情义无反顾的她陷得太深，只能艰难地做出选择。

紧张的关系一直到很多年后外公病重，姨父来身边悉心照看，外公才开始接纳姨父，慢慢缓和。现在姨父和小姨已经有了孙子，也从苦日子中熬了出来。一大家子过得很和睦，两人的感情也非常好。他们当年为了爱情奋不顾身的付出和坚持，往往让我们后辈们不胜感慨。两个人为了走向对方，迫不得已要喝下两杯断绝亲情的茶，历经了种种磨难，最后得到的爱情弥足珍贵，两人也非常珍惜。

（3）

《哥林多前书》说："爱是恒久忍耐，又有恩慈。爱是不嫉妒，爱是不自夸，不张狂，不轻易发怒。凡事包容，凡事相信，凡事盼望，凡事忍耐。爱是永不止息。"因为两人的成长环境和经历不同，世界上根本没有完全合适的一对情侣。生活中很多情侣，为了一点小事就吵架，一言不合就翻脸，动不动就闹分手。其实茫茫人海之中，能够走到一起，真的不容易，要好好珍惜。两只相爱的刺猬，在不止息的碰触中，伤痕累累，才能找到相互拥抱的最佳距离，更何况人呢？

不要轻易放弃一个曾经爱过的人。这样的人，一辈子很难遇到。即使在一起要历经很多磨难，咬咬牙挺挺也就过去了。生活的苦涩，会随年岁褪去。但失去挚爱的痛苦，时间也无法冲走。多年后仍能让你痛心疾首的，是当年轻易放弃的真爱。

感情就像两杯水。一杯装着付出，一杯装着坚持。一杯洗去怨怼，一杯洗去骄傲。一杯勾兑爱情，一杯勾兑亲情。为了你，我放弃我的锋芒，磨掉我的棱角，摈弃我的固执，放下我的骄傲，翻山越岭，不辞劳苦。所有的辛酸和泪水，全部融于这两杯水中，心甘情愿。

把鱼眼睛留给你的人

晚上 10 点，刚刚看完书准备关灯睡觉，打开手机查验明早闹钟时，收到了梦雨的一大串留言。梦雨是我一个未曾谋面的笔友。

她说:“桌子，我离婚已经 3 年了，现在却总找不到当初结婚时的激情和感觉，觉得现在的男人都好虚伪、好现实。有时候我想起前夫，一想到他，心里就特别难受。离婚那年他还发信息祝我生日快乐，3 年过去了，我仍然孤独一人，家里人都替我着急。只能怪自己当时太年轻不懂事,我现在才 30 岁,难道就要一直孤独终老吗?我和他都是彼此的初恋。在广州我们遇见了，都是刚刚毕业出来的人，老家又是一起的，所以走得比较近，后来他猛追我，我们就顺其自然在一起了。因为他家里情况不好，又没有好的工作单位，我家里人一直都不同意。后来家里人把我叫回了长沙，给我在长沙找了一份工作。他跑来长沙找我，我们又在一起了。我们情路很坎坷，历经千辛万苦，最后家里人终于同意我们在一起了。他对我很好，他会帮我倒洗脚水，帮我洗脚。晚上我上床睡觉了，他会问我口渴不渴，倒水给我喝。会帮我洗头发，洗完帮我拿吹风机吹干，我想吃什么东西他会立马去买。他常常会帮我做家务活，但是衣服也洗不干净，被子也叠不好，厨房也不会收拾，害得我又要重新弄一遍。他工资不高，我们日子过得很紧巴。他还有一个很不好的地方，就是每次节假日都不会送我礼物。他给的不是我想要的，其实我更多的希望是他可以去提升自己，晋升加薪，把家里的经济变好。我脾气不好，性格暴躁、自私，有着狮子座强烈的占有欲，于是我们争吵很多，吵着吵着感情就淡了，就分开了。

“我从来没有想过要和他变成陌路人。听说他现在结婚了，那个女人也离过婚，但没有生育能力，因为不能生孩子她前夫才和她离的婚。我心里很难平静，也不甘心，他宁愿和她做半路夫妻，也不愿意和我在一起，可见我有多么失败，他和我在一起时是有多么压抑和不开心。每当夜深人静的时候，我都会特别难受。一个人默默承受这些，好心酸，日子过得特别煎熬。我也想过重新开始，但感觉未来的路真的好难好难，我对男人开始不信任，对未来没有自信。”

听她倾诉完，我没有直接回答她。

我说：“你听过一个叫‘鱼眼睛’的故事吗？”

她说：“没有。”

于是，我和她说起这个故事。

曾经有一对很恩爱的夫妻，后来经历了很多事情，两个人争执比较多，后来就离婚了。两人生活中有一件很小的事情，女人不明白男人的意思，但是没有问男人，一直到离婚也没有问他。那件事情是：每次吃鱼，男人总会首先把鱼眼睛夹给女人，女人其实不喜欢吃，但是她也没有说。后来一次偶然的机会，女人去前夫家里做客。吃饭时，餐桌上还是有鱼，但是男人这次却把鱼眼睛夹给了现任妻子，现任妻子很开心地吃着，小声说谢谢，女人顿时潸然泪下，此刻她终于明白了男人的意思，男人认为鱼眼睛是最好吃的，所以他把鱼眼睛留给了最爱的人。可惜明白后，男人最爱的人却已经是别人。

我说："梦雨，其实你前夫也是这样的一个人。"

因为他爱你，所以他会用自己认为对的方式去对你，虽然这并不是你最需要的。他把有能力做到的，手里仅有的全部给了你，他认为你会喜欢。但是你却没有好好珍惜，你也没有好好理解他。

或许感情中,我们常常走入这样的误区。他给了你一些"苹果"，你说你需要的是"梨子"，但是你却不知道他给你的"苹果"是他自己最爱吃的，也是他全部的"苹果"。你没有好好珍惜他给你的"苹果"，你眼中只有别人的"梨子"，然后你错过了他。

记得小时候奶奶总会把雪梨罐头留给我吃，可是我却不领情，因为我最喜欢吃的是草莓罐头。后来父亲告诉我，可是等我明白这个道理后，奶奶早已逝世。我想要对她说声对不起，都已来不及。如今天人两隔，想说的话语，唯独向坟墓倾诉。父母买给你普通帆布鞋，可是你想要的是名牌篮球鞋，于是你记恨父母小气，可是你并不知道因为家境贫寒，父母自己穿的鞋子比你的还要差很多。

男朋友买给你普通手机，可是你想要的却是最新版的苹果手机，于是你觉得男朋友抠门，可是你并不知道为了给你买手机他已经节衣缩食好几个月了。

爷爷奶奶拿给你家里的零食，可是你想吃的却是街头流行的小吃，于是你觉得他们的口味落伍了，可是你并不知道这正是他们自己想吃却舍不得吃的存货。

虽然他们给我们的或许并不是我们想要的，却是他们按照自己的方式，尽自己最大能力，倾其所有给的，而他们的付出和努力我们却都视而不见。很多时候我们都是近视眼，看不清离我们最近的情感。我们也都是远视眼，忽略了离我们最真的幸福。

一辈子的时间真的很短，远没有我们想象中的那么长。我们不妨对爱自己的人好一点，多站到对方的角度来思考问题，好好珍惜那个“把鱼眼睛留给你的人”，因为他才是最爱你的人。

所谓父辈的爱注定是一场遗憾

小时候，提到“父亲”这个词语感觉很陌生。父亲为了生计，长年奔波在外，只有过年的时候才会回家，然后春节后几天又要外出打工。大部分童年的陪伴过程，父亲都不在；别人家的小孩打架有爸爸撑腰，可是我的父亲不在；别人家的小孩放学下雨有爸爸送伞，可是我的父亲不在；别人家的小孩有爸爸买厉害的玩具，可是我的父亲不在。我甚至一度怨恨，为什么我的成长过程，父亲都不在？而后我渐渐明白一个道理：下雨天，没有伞的孩子，只能学会努力奔跑。

父亲是一个木匠，曾经做了两把木头的宝剑给我和弟弟。因为我性格外向，父亲特意在我的剑把月牙处刻了一个“忍”字，剑身正反面有两句话：“忍一时风平浪静，退一步海阔天空”。弟弟性格内向，他的剑刻了一个“闯”字，剑身有“求剑术之精华，闯人生之路”。剑上的话语，表达了父亲对我们的希冀。这两把木剑划过了我们整个童年，我们终于有了一把爸爸给我们做的别人都没有的厉害宝剑了！

记得有一次，父亲又要外出，放心不下家里。我当时正在井边打水，父亲来到井沿边，和我说：“卓，爸爸马上就要外出了。你已经 14 岁，长大成人了。在家一定要好好听妈妈的话，照顾好弟弟，知道吗？爸爸不在你就是这个家里的男子汉……”父亲说得眼眶泛红。

井深邃而空洞，一点点光线从井底反射出来，打水桶在井底发出沉闷的声响。我在心底反复默念：“肖卓，你不要哭，不要哭。”最终还是没有忍住，眼泪簌簌滚落，坠入井水之中。

我哽咽得连一句“爸爸，你能不能不走？”都没有说得出声。

每次和母亲在村口看着父亲的背影在蜿蜒小路上，越来越模糊，最终消失在一片暮色茫茫之中。父亲挥手要我们回去，却已经看不见，听不清了。

童年时候对于父亲的记忆，就是一幕幕的道别场景。一幕幕道别场景，组成了一场场的遗憾。有时候，我们一家四口身处四方。弟弟浙江，爸爸广西，妈妈湘阴，我长沙。我所有的幸福就是希望一家人在一起。

可是真的好难啊，生活不是电影，生活比电影苦。为了生计，父亲又怎么能不外出呢？父亲总是说，等有一天家里条件好了，就不外出了，天天和你们待一起。如今，家境渐好，父亲终于不再外出打工。端午那天回老家，父亲不在。母亲说他去菜地了。赶到菜地，远远看到熟悉的背影面朝黄土背晒青天地在挥舞着锄头。父亲穿着我丢弃在家不要的鞋子和衣服，戴着发黄的蒲帽，佝偻着背。

我站在父亲的身后，没有作声。他前面是布满青草的荒地，后面是新锄好的细碎、湿润的黄土。他先翻过来一大块，然后再慢慢把一大块锤碎。回头擦汗的时候，父亲发现了我，冲我嘿嘿一笑："你来啦！"

"是啊，回来过节呢，我试试！"我抢过锄头，父亲紧握着不松手。

"你是读书人，一身干净的，做不来！你回屋，倒口冷茶给我喝。"

于是我回家，端了满满一大杯冷茶。父亲接过我的茶，这时我发现父亲的手指关节粗大、变形，灰黑的手掌布满了老茧。趁父亲喝茶的当头，我试着挥了几把锄头，没几下手心就磨出了水泡，剧痛难忍。这一刻我才明白，父亲双手的老茧是多少个日日夜夜磨出来的啊！我劝父亲不要做工了，家里也不靠他这份做工的钱。可是父亲却总是说：我还可以帮衬你们就帮衬吧，做不动也就没办法了，我自己的身体我是知道的，再说我本来就是一个农民，农民忙惯了，不能闲，会闲出病来的。吃饭的时候母亲抱怨父亲没事就抱着个手机，还找别人学习下载了微信，看得津津有味，不知道在看什么。

等父亲看电视的时候，我悄悄翻开他的手机。原来他知道我在微信上面写文章后，悄悄地看我写的文章，每篇必看，看必点赞。我笨拙、年迈的父亲，连存别人电话名字都不会，不知道要花多少精力才学会微信！

父亲总说：等你考上大学，我就享福了；等你毕业工作了，我就享福了；等你结完婚，有了孩子，我就享福了……可是等我结了婚、有了小孩，也买了房子、车子，把父母接到城市来了后，他们没享福几天就吵着要回老家。不是担心鸡鸭没东西吃，就是担心菜地的菜缺水会干死。母亲说：其实你爸要回去的真正原因就是觉得城市户户家门紧闭，人情冷漠，没有味道，连个唠嗑的人都没有，不如农村还可以走家串户，多热闹！城里人的生活，不适合我们。我终究拗不过他们，只得把他们送回老家。

龙应台说："所谓父女母子一场，只不过意味着，你和他的缘分就是今生今世不断地在目送他的背影渐行渐远。缘分终将完结，各有各的路途要走。"

我想所谓父辈的爱，也注定会是一场遗憾吧。他们等待你长大、等待你成家、等待你生小孩、等待孙子长大、等待家境变好后，他们还是默默坚守着清苦的日子，一家人还是没有办法住在一起，享子孙的福。

他们明明知道最终答案，却还是义无反顾地等待。他们在一次次等待中逐渐老去，在一场场遗憾中无怨无悔。

父母在，人生尚有来处；父母去，人生仅剩归途。珍惜此生的福分，珍惜共聚的时光。这是上天的恩赐，这是此生最大的福报！

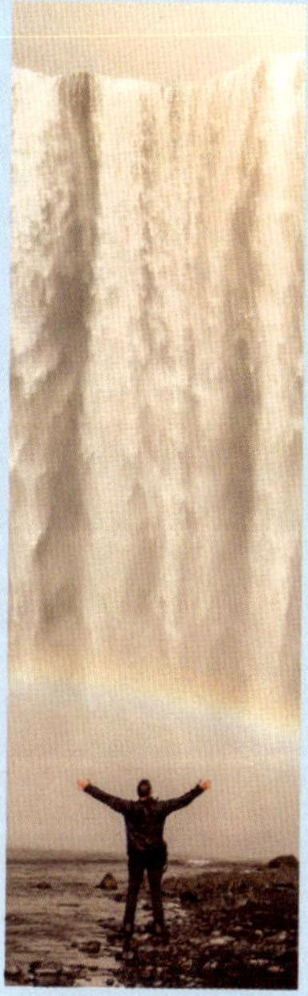

You're just pretending to be very hard

Part 6 慢慢来，人生走得更快

一个人的修养

今年4月因为工作调动原因，我从长沙搬家到南昌。东西很多，一边整理一边打包。带不走的东西就扔到了小区里面的垃圾箱里。当我忙得昏天暗地的时候，突然有一个人在外面敲门。开门一看，原来是小区的保洁阿姨。她约莫50岁的样子，一身潮湿，逃出发夹的几根头发和脸上的水贴在一起，鞋子也湿了，地板砖上面留下一串鞋子的水印，胸前的物业公司logo，特别醒目。她嗫嚅着说："先生，您的身份证忘在垃圾中被扔掉了。我到物业公司查了下，是您家里的。"我拿过来一看，说："噢，没事，已经过期啦！谢谢你，你进来坐，喝杯茶。"她下意识地往后退了一步，说："不不，不坐啦。我知道过期了，但是身份证还是保管好，就怕落到坏人手上哟！"她说完转身就下了楼，留下我一个人在门口满满感动。外面下着大雨，她冒着雨去物业公司查询，然后再冒雨折回来送到业主家里，就是怕身份证落到不法分子手中，而她的职责仅仅是打扫卫生而已。她知道自己身上潮湿，怕把别人家里弄脏不肯进屋。我想，一个人好的修养，莫过于此吧！

中国现代剧作家夏衍，临终的时候，对家人说："我很难受，快请大夫！"家人说："好，我们马上去叫大夫！"夏衍说："不是叫大夫，是请大夫。"说完这句话，他就断气了。大师临终前还能保持自身的修养，着实让人佩服！要体现一个人的修养，我觉得首先要看他怎么对待达官贵人和弱势群体。

以前单位有一个"知心大姐"，对待同事和领导都是笑眯眯的，做事积极主动，一副"马大姐"心肠，同事们都觉得她人很 nice。直到有一次在开水房发生一件事情，我对她的看法有了一百八十度大转弯。她在用开水烫完杯子后，隔了很远把开水倒入垃圾桶。刚好一个清洁阿姨过来打扫卫生，结果导致开水全部泼到阿姨脚上。"知心大姐"面目狰狞，顿时那表情好陌生好可怕，大叫："你干吗啊？在这挡住我了！"她发现我也在洗杯子后，又笑眯眯示意打招呼。天呐，原来她会变脸！清洁阿姨连忙道歉，说正准备清洗水槽。后来"知心大姐"踩着高跟鞋噔噔地走开，脸上一副倒霉透了的表情。阿姨蹲在角落，卷起裤脚，看自己的脚踝，红肿了一大片。我说要她赶紧去看医生，阿姨说走不开，今天就她一人上班，找不到人代替。我又说要她找领导投诉那个"知心姐姐"，她说她不想把事情闹大，好不容易找到一份工作。她用冷水不停地打湿烫伤处，然后稍微包扎了一下又继续干活了！从此我和那位“知心姐姐”疏远了很多，我不喜欢会“变脸”的人，这种人品上的瑕疵令我无法忍受。

为什么明明是在自己有错的情况下，为了挽回面子而把对方狠批一顿，并且为了这样的胜利而沾沾自喜？有修养的人往往是带着一种亏欠的姿态来为人处世，总觉得自己的行为可能会给别人带来不便，如有过错，会积极承担和弥补过错。日本很多人都有一种叫“不给别人添麻烦”的精神，比如在公交车上弄脏了座位会打扫干净再下车。这种精神体现了一个民族的人文素养。

同样的事情，也可以反映出一个人的高尚修养。有一次在天桥上看到一个妆容精致、衣着华贵的女人从王府井商场出来，手里提满了袋子。一个老人跪在小木板上行乞，没有下肢。女人停下脚步，想掏钱，却腾不出手来。乞丐友好地挥手，示意要她离开。女人却蹲下身来靠近乞丐要他来掏自己的口袋。乞丐脏兮兮发黑的手，小心翼翼地从女人口袋掏出来一张 10 元的钱。掏完钱,女人匆匆离去。那一刻，我怔住了，那个远去的女人在乞丐面前的友善，击破了多少人的浅薄和狭隘！

人性的修养像是要时时提醒自己保持的习惯，像是一串不能遗忘的钥匙，一盆每天必须浇水的花草。它更像是呼吸、不自觉的举手投足。无论是处在哪个阶层，从事什么工作，有钱还是没钱，都要坚守自己内心高贵的修养。人有人的品格，树有树的尊严，草有草的逻辑。万物众生有各自的行为准则，没有谁的生命比谁的生命高贵。而你坚守的内心修养，会像是黑夜中耀眼的光芒，不知道有多少人会借此走出黑暗！

一碗螺蛳粉

2007年，柳州火车站。长沙到柳州。刚下火车的我肚子唱起了空城计，于是在熙熙攘攘的人群中找到一家螺蛳粉店。店里面人非常多，等了半天终于找到了一个空的桌子，连忙坐下，问老板要了一碗螺蛳粉。

刚刚嘬了一口粉，一个母亲带着两个孩子在门口，缩头缩脑。老板娘见了，连忙笑盈盈地招呼进来。母亲怯怯地问老板娘："嗯……一……一碗螺蛳粉，可以吗？"那两个男孩倒不显得生怯，睁大眼睛打量着店内的人和厨房里面的动静。"可以啊，请里面坐。"老板娘招呼他们坐到我的对面，同一张桌子。

母亲和两个男孩都穿着少数民族的服装，应该是白布瑶族的人。女人个子不高，但是显得非常结实。手指灰黑干枯，一条条的沟壑分明，想必应该是经常做农活吧。她的背上用花红的粗布条缠绕了一些行李,坐下来的时候也没有放下。男孩晒得黝黑,显得虎头虎脑，黑黑的眸子转来转去，好像对世界充满好奇。

女人问老板要了两个小碗，然后从包里拿了一包蓝色塑料袋包住的东西出来。螺蛳粉上来了。女人先给两个男孩每人分一半，男孩操起筷子就狼吞虎咽起来，剩下还有一部分汤汁在那个大碗里面。女人打开蓝色塑料袋，里面是黑漆漆的面饼，这大概就是她路上带的干粮。女人就着大碗里面的汤汁吃起面饼来!

当时看了，我鼻子发酸，心里一震，顿觉凄然。我立即呼喊老板再上两碗螺蛳粉，女人和孩子还在吃着，没有顾我。很快两碗热气腾腾的螺蛳粉就上来了，我把它推到女人和孩子面前:

“叔叔今天点多了，吃不完，小朋友帮叔叔的忙，消灭它们好不好?”“好、好、好，叔叔你真好!”一个男孩口齿比较伶俐，另一个男孩只知憨笑着点头。女人本能地抗拒，可是孩子抢先吃了起来。她显得非常不好意思，局促不安，眼神不敢直视我。“小朋友，要不要喝果汁，叔叔正好要去买噢!”两个男孩正低头吃着，猛地抬头望向我，一个劲点头。

我买完单，起身跑到店外的奶茶店，提了四杯果汁进门，可是他们已经不在了。我在桌子餐盘下面发现了一张对折的五块钱，很新，对折的印子也很新。我突然感觉心也被折了一下，很酸很酸。我想，我所谓的好心，应该是冒犯他们了。

我知道柳州的白布瑶族很穷，半个月才会下山买一次猪油吃，住的房屋都是土块垒起来的。猪圈是露天的，下雨猪就只能淋雨。进村的汽车只能到镇上，到自己家里连单车都进不去，只有一条田埂宽的路靠脚步走进去。白布瑶族喜欢背背篓，家里的所有东西都是靠背篓背进去的，也包括盖房的土块。很多老太太把菜园里的老黄瓜，一早赶二十几里的山路，背到县城卖。5 毛钱一斤，一天可以卖几块钱，然后再摸黑回家。

小时候我家里很穷，母亲会为了五毛钱和小菜贩吵得不可开交，但是不管多穷，父母都会给我和弟弟买 3 套衣服，夏装、冬装和过年的新衣服。因为父母不愿看到自己的孩子，因为没有新衣服穿，而在别的孩子面前自卑。再苦不能苦孩子，再穷不能穷教育。

我在网上曾看到一个网友回忆童年的时候，说家里很穷，父母进城的时候坐车，只能给自己和妹妹买一张车票，查票就躲着，被列车员抓到了就好话说尽。父母的举动给自己幼小的心灵留下了深深的伤痕，憋屈、自卑、恐慌，甚至至今仍然畏惧一切规则和穿制服的人。我一直很感激父母当年对我幼小心灵自尊的保护，让我现在不卑不亢，热爱生活。

朱自清宁死不吃美国救济粮，陶渊明不为五斗米折腰。世界上并不是只有想吃和不想吃的人，还有能吃和不能吃的人。这些人对于高尚品德和气节的追求和向往，已经超脱了世俗的一切！

我不知道这五块钱对于他们母子意味着什么，或许是少坐一趟车多走十几里路，或许是多吃几个星期红锅菜（用肥肉抹锅不放油炒的菜），或许是下一个行程不吃任何一碗螺蛳粉。但是这五块钱代表了一个母亲坚强的自尊，代表了将来孩子不因贫穷的生活而自卑，更是代表了母亲对生活的不屈不挠，就算再穷也要有自己尊严！我们虽然穷，但是我们不接受别人的施舍。我们虽然没有富裕的生活，但是同样也没有贫瘠的思想，人穷志不穷。

后来我再也没有去过柳州，也没有再吃过螺蛳粉。

那五块钱我一直压在一本厚厚的《辞海》里面。每当心态特别浮躁的时候，我就会把它拿出来。每当看到它，就像是看到当年的那个母亲，超脱生活的束缚，从风雨里走来，洗净我满身的尘埃。

细微之处见真章

一个人的修养主要通过他的言行举止表现出来，有修养的内心，于细微处约束自己，经常懂得换位思考，能体会到别人的难处。外在表现出不做作的礼貌，内在表现出不浮夸的真诚。真正有修养的人能够面对和深入自己的内心，学会真正的尊重和爱，不只是对自己，还有对这个世界。而一个人的修养于细微处展现得淋漓尽致。

（1）看他如何对待社会底层人员

一次在学校食堂吃饭，学校食堂窗口不收现金，只能拿一卡通打饭。学校在施工，有几个建筑工人来食堂吃饭，发现打不了饭。

其中一个工人大伯从窗口开始排队那里，一直问到后面的学生，询问愿不愿意给现金，让学生帮忙刷卡。很多学生看到脏兮兮的工人，像躲瘟疫一样，避之不及。最后幸好一个女孩同意了帮他们打饭。女孩帮忙打完饭，工人大伯把钱给女孩的时候，发现钱上面都是汗水，于是又缩回来。

他把钱放在大腿干净的裤腿上展开，用卫生纸擦干净了再给女孩。看到这一幕，我的心融化了。女孩的修养秒杀那一大群学生，而工人大伯不给人添麻烦的修养，让多少新时代的大学生感到羞愧!

在餐厅点餐请不要对服务员大呼小叫，多说几声谢谢。

不要随便把垃圾丢在马路上，尤其是瓜子壳。丢弃的瓜子壳被风吹到草丛里，那些环卫工人需要用手一个个地捡起来。玻璃和尖锐的东西请包扎好，以免划伤他们的手。他们都是低收入人群，舍不得花钱看病。能够做到这样也是良好修养的开始。

（2）看他如何对待自己的亲人，特别是妻子或老公

记得以前有个同事，在大家面前真的是温文尔雅，翩翩风度，显得非常有涵养。可是有一次去他家里做客的时候，他妻子忙着做饭，慌乱中做错了一件小事。他立即对他的妻子大声呵斥，吓得他妻子战战兢兢。看得我大跌眼镜，对他的印象降到谷底。

一个人在外人面前再好，如果对妻子或老公肆无忌惮、锱铢必

较、睚眦必报，那么也是一个毫无修养的人。

（3）没有观众的时候，是否会坚持自己的内心

一条空旷的街道，没有一个人，只有你自己。你想吐痰，但是垃圾桶距离你很远，你会吐在地上还是走到垃圾桶旁？很多人看到身边没有观众，本性的一些陋习就出来作恶。随地大小便、丢垃圾、乱画乱刻。坚持自己的内在修养，不管有没有观众，都不该谢幕！

（4）别人都在做没有修养的事情，会不会从众

记得以前陪一个学校主任爬岳麓山。爬到半山腰，主任尿急找不到厕所。这时有很多游客都是跑到树林深处去嘘嘘，但是那个主任一直强忍着，一直到山脚，终于找到厕所。也许很多人会说他傻，但是又有谁知道主任由内而外的人性光辉有多么迷人？

（5）不得不做某件事情的时候，是否把影响降到最低

有一次坐公交车，一个满身都是灰尘的农民工，有位子都不坐，直接一屁股坐到地上，因为他怕自己弄脏了座位。还有一次一对农

民夫妇，带着一个小女孩坐地铁，小孩子明显要呕吐了，父亲要女孩强忍着，从编织袋里面找到一个装满杂物的塑料袋，把杂物清空，再吐到塑料袋里面。这种不麻烦、打扰别人的行为，让多少依然“大义凛然”在公共场所吸烟、大声喧哗、吃有气味的食物、占几个座位睡觉的人，感到分分钟被打脸？

修养不是通过激烈的情绪、贪欲、愤怒、嫉妒、傲慢来显示，这只是在透支你的生命力感受。修养是万事万物同宗同源的本质，是与宇宙生命共舞共振的暗自欣喜。能够宽广而深邃、温柔而善良，于最细微处也能因为尊重理解生命，而体会到人间的美好；能够从容不迫地应对世间的一切世事无常，人心不古。真正的修养，以人格为重，人性为后。做好一个人，尽力完善自身人格，这不是一蹴而就的，而是不断积累正能量，不断调整心态，不断改变言行的过程。一生都要勉励自己更包容、更敬畏这个世上所有的生命，成长和修养更是一生的课程。愿意善待这个世界的人，也一定会被这个世界所温柔对待。

一只见多识广的井底之蛙

打开微信，Cherry 发给我一段小视频：茫茫的大海，一望无际的海岸线。蓝天白云下面有一些铁轨，还有波涛的声音。紧接着马上收到了文字：Brilliant（我的英文名），还记得你说的宫崎骏的电影《千与千寻》中的海上火车吗？你心神向往的。原来这个世界上真的存在海上火车噢！快看看！她正在科伦坡，坐着火车在印度洋上面转，去斯里兰卡旅游。

Cherry 是我的一个学生，来自湖南偏僻农村的一个女孩，在长沙读的大学。她们在一家五星级酒店实习的时候，我去看望她们，了解实习的情况。她忽然跑过来告诉我："Brilliant，酒店气派的大堂，金碧辉煌的装饰，还有说话温和、条理清晰的主管，一下子对我冲击很大，感觉自己开了很多眼界，学到了很多东西。"我对她会意一笑:“你毕业后会长更多见识，学更多东西噢，这才刚刚开始。”

她用充满期待的眼神望着我，点了点头。毕业的时候，一家迪拜企业在长沙招人面试。我鼓励 Cherry 去试一试。她犹豫了好久，主要怕离家太远，没有一个照应，但是自己又很想去看看外面的世界。又担心自己的外形不够好，英语不太流利，没有自信。

最后，我告诉她:“这是为数不多的几次机会，如果你将来结了婚有了小孩，再想去国外工作，几乎不可能了。趁着年轻就要去闯一闯，不要等到将来老了后悔。”

最后 Cherry 下定决心，花了几天时间准备并背熟了关于迪拜那家企业的英语词汇，借了同学的一套职业装，去面试了。面试很难，老外带着阿拉伯语口音的英语几乎听不懂。很多长相靓丽的女孩第一轮面试就被淘汰了，但是 Cherry 却闯到了最后一关。最后一次复试的时候，Cherry 进去几分钟就轻轻松松出来了，一脸愉悦。Cherry 开心地告诉我:“面试官告诉我，我的长相很符合中东人的审美，英语也还发挥得好，就通过面试啦！”

去迪拜工作的时候，北京飞迪拜。第一次坐飞机，还是国际航班，又是跨时区的，Cherry 兴奋得连忙用手机拍照片发 QQ 空间。到了迪拜后，她像一条小鱼游进了大的海洋。同事来自 30 多个国家，左边一个蓝色眼睛的爱尔兰帅哥，右边一个性格开朗的美国小伙。不同的文化，不同的背景，全部在迪拜会集，像是博览会。去帆船酒店游玩，见识了马桶都是金子做的酒店客房。看到了的士都是迈巴赫、玛莎拉蒂的豪车，脚趾都是戴金戒指的土豪。

Cherry 的眼界一下子被大幅度打开。每年 Cherry 还有一个月的假期，公司提供去世界各个地方旅游的机票。几年下来，她玩了差不多 90 个国家。看到 Cherry 的时候，她妆容精致，衣着利落，举手投足之间充满了自信，一股国际化的气息扑面而来。短短几年时间，已然从灰灰的丑小鸭变成了色彩斑斓的天鹅。我从她的身上看到了巨大的变化，由内而外。

记得知乎上面有人问："去过 100 个以上的国家是种什么样的体验？"

有一个答案令我印象深刻："懂得了这世界上没有所谓天然正确和绝对政治正确，能够接受别人有不同的三观以及其衍生出来的思考方式。"

深以为然。见多识广，内心才会洞明和宁静。阿 Q 从城里回到未庄后，受到人们的"敬畏"，不过因为他在城里给白举人家里帮过忙，知道城里一些见闻。有见识的人，会受到人们的尊敬。很多人喜欢用井底之蛙比喻一个人的见识短浅，其实我们每个人都是井底之蛙，只是井的大小不同，看到的天空范围不同罢了。

Cherry 从农村到长沙再到迪拜，再到 90 多个国家，一次次通过自己的努力，把井的直径扩大。我觉得一个人一生中会成长三次。第一次是在发现自己不是世界中心的时候。第二次是在发现有些事情虽然可能无能为力，但还是会尽全力的时候。第三次是在发现每个人都是井底的青蛙，通过自身努力不断把井口的直径延长的时候。

曾经有个很久不见的朋友和我聊天，他说:“怎么觉得你几年不见，一下子成熟稳重了很多？”

我说:“读万卷书，不如行万里路吧。有时间多出去看看。”

回首我这几年: 中国除了新疆和西藏，我其他的省份都跑遍了。在尖沙咀码头坐过张国荣自杀前最后一班小泊艇，在湄公河上看到当地人买来昆虫尸体大快朵颐，在靠近越南的异国寺庙脱掉鞋子一路跪拜，在缅甸清水河走过万人空巷的集市。

当我开始写文章的时候，仅仅发表在私人 QQ 空间，只有几百人来看。后来发表在微信公众平台的时候，被很多平台转载，有几百万的人看到了我的文章。慢慢地，接触到了一些国内的顶尖作家，要了解薛之谦、大冰等明星也不再感觉遥不可及。

我的井口直径也一点一点被慢慢扩大。如果你仅仅满足于家门口的锅包肉，那北京的爆肚涮肉、南京的干丝烧卖、上海的润饼蚵仔煎、天津麻花狗不理、广州肠粉艇仔粥、长沙火宫殿的鸭血汤臭豆腐、东北地三鲜酸菜猪肉炖粉条、山东煎饼果子和咸鱼、南昌的瓦罐汤赣南菜，它们怎么办?

如果你仅仅陶醉于你家阳台的风景，那伦敦的大本钟海德公园、巴黎的香榭丽舍枫丹白露、纽约的帝国大厦百老汇、柏林的国会大厦勃兰登堡、新加坡的鱼尾狮塔克拉码头、东京的和光钟塔奥多摩湖、吉隆坡的双塔大楼武吉免登、开罗的金字塔狮身人面像，它们怎么办?

你曾经走过的路，看过的风景，到过的地方，流下的汗水，它们全部都会沉淀在你的气质和血肉里面，造就独一无二的你。

其实归根到底，人和人之间有什么不同呢？无非是眼界不同罢了。如果我们都是井底之蛙，何不努力做一只大井里面见多识广的青蛙？

偌大的中国，摆不下你一张安稳的书桌?

你有多久没有看完一整本书了？你有多久没有全身心走入书中的世界？你有多久没有因为书中的情节感动到泪流满面？

因为一次会议的关系，我需要去拜访一位老先生。四级县城城乡结合的地方，坑坑洼洼的水泥路通到一个中学，来到老先生的办公室。窗户还是二十世纪那种木框框加玻璃，门也是非常老式的板门。整个屋子没有配套的桌椅，椅子大部分缺胳膊少腿，桌子摇摇欲坠。办公桌上一盏精美的欧式台灯在灰色的尘埃中发出色彩斑斓的光线，引起我的注意。台灯下面一根古老而质地极好的铜书签夹在南怀瑾先生的书籍《庄子喃哗》中。台灯和书签，显示了读书在老先生心里不可撼动的地位。想必他正读得起劲，因为我的造访而不得不终止吧。办公桌后面放着一摞摞陈旧而发黄的书籍，有的页面或拱起或卷起，这些印迹不知见证了老先生在他的精神世界里停留了多少时间。老先生递给我一杯茶，茶叶在杯中散出一缕缕黑色的绸带。与老先生交谈后发现原来他对于国学、佛学的造诣已经深到海底，解答了我很多困惑多年的问题。

有一次学校的宿舍涨大水快要被淹了，老先生跑进大水中抢救陈望道先生的《修辞学发凡》，被同事们笑称书呆子。临走的时候，发现墙壁上面一幅字画。

黑色草体遒劲，“宁可三日无粮，不可一日无书”。

读书的时候，在图书馆认识了朋友 A。A 兴奋地向我推荐《海边的卡夫卡》，要我一定要去看。毕业那年，A 又强烈推荐我去看网易公开课哈佛大学的《幸福学》课程，说那个课程牛逼得不得了。工作几年后，我在网上遇到 A。我发给 A 看看我的文章，并要他说出自己的看法。A 告诉我说，烦事太多，他早已不看书，也看不进文章了。

他为我的持续写作感到钦佩自豪，我却为他的远离书本而感到惋惜不已。工作的压力，恋爱的争执，生活的摩擦，已经挤满了脑袋，怎么可能还挤得进一本书呢？

我曾经迷茫于城市的灯红酒绿，繁杂的世界小到容不下一本书。有一段时间，因为工作的需要，不得不住在学生宿舍。没有 Wi-Fi，没有街区，没有酒吧。世界大到只有一大垛书。于是不得不重新开始阅读，重新开始与自己对话，重新找到自己。

就像茨威格说的：“一个人和书籍接触得愈亲密，他便愈加深刻地感到生活的统一，因为他的人格复化了：他不仅用他自己的眼睛观察，而且运用着无数心灵的眼睛，由于它们这种崇高的帮助，他将怀着挚爱的同情踏遍整个的世界。”

如果没有那一段经历，我的人生又会是怎么样？书看得多了，人会变得柔软。感知放大，常常被细微的美好感动。你有没有被一颗星星感动过？我有。上学路上，黎明的天空，四野无人。抬头发现一颗星星在天鹅绒般蓝色的天幕上低垂。好像整个世界上只剩下我和它。星星一直在那里闪呀闪，不时有几颗流星划过天际。我往前走，那颗星星也跟着我走。我恨不得搭上梯子，把星星摘下来放进口袋，带回家里。

我继续迎着朝霞往前走，发现世界忽然变得不一样。花草树木，河流村庄，雾霭流岚，一切变得那么美。身体各个毛孔都被打开，重新来感受这个世界。就像顾城的诗“草在结它的籽，风在摇它的叶子，我们站着不说话就十分美好”。

路边拯救受伤蝴蝶的女孩，每天在车内更换鲜花的的士司机，在包内放一本书随时阅读的长者，他们对生命充满了敬畏的心，可曾让你感动？我们似乎总是脚步匆匆，对美好的事情常常视而不见，浑然不觉。

向古人学习吧。陶渊明阅读菊花，发现悠然心境躲藏在南山背后。李太白阅读月亮，发现归故乡的路途被一片茫茫月色照亮。嵇康阅读古琴，发现鬼魂和人类一样被音乐所陶醉。泰戈尔阅读飞鸟，发现天空留下了翅膀的痕迹。

我们似乎很忙，忙碌着争权夺利、忙碌着钩心斗角、忙碌着老去，也赏不到花、看不见云、读不进书。

请你停一停，聆听自己内心的声音。当你身心愉悦、喜欢自己，对这个世界充满爱意，美好的事物自然走进你的世界，这就是生活的奥秘。

当你深夜刷朋友圈的时候，可曾想过苏东坡趁着月色划船入湖，与佛印在船上饮酒吟诗？当你在网吧打游戏的时候，可曾想过徐霞客躲雨夜宿破庙，借着烛光写下踏遍祖国大好河山后的《徐霞客游记》？当你因为感情矛盾懊恼不已的时候，可曾想过司马迁忍受着腐刑之痛，在泪眼斑驳中完成史家之绝唱？

书中的风起云涌，就是你平行的另外一个世界。行过许多地方的桥，看过许多次数的云，听过许多场景的雨，写过许多年龄段的文，心境却不曾变移，永远年轻，永远热泪盈眶。抛下你的成见、欲念、杂想，放弃你的不以为然、信以为真、自以为是，这种清洁性的超然内心境界，表达了对生命的一种偏执，也使你的生命有了质的飞跃。回归个人的独立观察和思考，回归对信仰的崇敬、对创新的尊重、对智慧的仰慕、对勤恳的坚持，回归真诚、信任、包容、谦虚的朴素价值观。

如果你肯放下你背负的东西，重新出发，偌大的中国还怕放不下你的一张安稳书桌？

年轻的时候，放进你世界的书桌，将会影响一生。

会遗传的幸运基因

（1）

20 岁生日那年，父亲在我生日聚会宴席上说："孩子，能够当你的父母我觉得非常幸运，看着你们两兄弟健健康康长大，顺顺利利成家立业，好像一直都有好运伴随着我们，也祝愿我们一家人能够一直有好运相伴。"

从读书到工作，到组建新的家庭，我好像一直都很幸运，似乎真的在一路实现这个祝愿。大学刚毕业的时候我就是班上第一批进入航空公司工作的，后来从航空公司辞职出来后，遇到的每个同事都很善良，每个老板都很慷慨，每个朋友都很真诚。记得有一次在长沙旧街区租房子住，凌晨3点左右一个小偷撬开了我租住地方的房门，来到我的卧室，翻开了我的钱包，拿走了里面的现金，我的电脑、手表还有钱包里的证件、银行卡都没有动。如果他拿走我装满公司资料的电脑和证件、银行卡的话，那我真的会很惨，但是他没有，所以我一直到现在很感激他，也觉得自己很幸运。

朋友对我说:“你是不是傻帽儿了,自己钱被偷了,还觉得幸运?”

我说:“或许，他真的只是那个时候缺钱花了，并不是十恶不赦的人。之前你自己也遇到过这样的坏人，要是他拿走我的电脑换钱，拿走我的证件、银行卡来讹诈我,那我是不是就更要呼天抢地了呢?”很多时候我回想起来，我的这种挡不住的幸运，不仅仅是父亲当时的祝愿，或许还是上一代遗传给我的。

(2)

父母两人一直和和气气，相敬如宾，从来没有吵过架。很多时候不是因为日子一直顺顺利利，而是遇到事情，我们都会换一种心态去对待，想办法解决。

父亲是一个木匠。有一次我和父亲在木厂里面做事，我想尝试一下做木匠的威风。年少不懂事的我把父亲刚刚运回来的最好的木头——“春杨木”，用电锯裁剪得稀巴烂。这一批木头是父亲准备用来做一套顶级的原木家具的。他看到后，并没有谩骂和责怪我。父亲带着我，把一些可以用的木头挑出来，做成了 12 双木屐。我们全家都穿上了木屐，还送给了亲戚朋友们一些，大家都很高兴，穿上了时尚又质量好的木屐。父亲后来告诉我：你那么小，又不懂这个，事已至此，打骂又有什么用呢？还有一次学校上珠算课，每个人必须买一个算盘去学校。我之前买了一个小巧的塑料算盘，却被自己弄丢了。马上就要上珠算课，可是我没有算盘怎么办？感觉自己犯了天大的错误，这样我整个学期都上不了珠算课了，这科成绩要打零分了。母亲感受到了我的难过和恐慌，一句责备的话都没有，说：赶紧去买，肯定能买到，放十万个心好了。

第二天，我一放学回家，就问母亲买到没有。母亲说没有买到，镇上的商店都没有进货或者进了货但是只进了一两个，又卖掉了。

母亲安慰我说："放心，我和你父亲会做一个更好的给你！"啊？算盘还可以自己做？母亲说干就干，收集木头，开料。半天的时间就把框架做好了，然后父亲拿去打磨。打磨完了之后，父亲丢给我一张砂布，要我把珠子磨得更光滑些。最后，父亲把算盘的零件对接，铆上钉枪。一个纯手工制造的算盘做成了！闻一闻还有淡淡的木头清香。我拿着手工的木头算盘去上课，摇起来珠子清脆作响，而别人都是塑料的算盘，摇起来发出啪啪的响声，很刺耳。于是很多同学来围观我的算盘，老师也对父母的行为大加赞扬。每次上珠算课，我开心极了也非常自豪，最后我这个课程考了班上最高分。

一件坏事变成好事，最后还有一个圆满的结局，那种满足感我至今还记得。父母从来没有和我说过什么人生大道理，却总是用自己的行动教会了我：遇到坏事，不要责怪，不要怨天尤人，要有坏事变好事的能力。每次在我生活遇到困难的时候，我总会想起父母带我去做的一双双木屐、一个算盘。

(3)

有一次我放在茶几上面的笔，不记得收起。我在书房看书，儿子在客厅玩耍。儿子拿起我的笔，把客厅雪白的墙壁，歪歪斜斜画得惨不忍睹。等我出来的时候，他知道自己做错了事情，呆在角落不吭声。

我望着他笑了笑，说："和爸爸一起在墙壁上面画个大鲸鱼好不好？"

儿子暗淡的眼神突然光彩熠熠，连忙跳起来拍手掌说："好，好！"

于是我又找了不同颜色的笔，可怜我的画技，和儿子一起画了一个巨丑无比的鲸鱼。但是儿子很开心，每次都喜欢在鲸鱼下面玩，有外人来家里做客他都会拉着他的手来看鲸鱼，说这是他和爸爸一起画的。

(4)

父亲曾经和我说过，几十年前家里条件很差，经常吃不饱，肚子要挨饿，晚上漫漫长夜很难熬过。可是他却喜欢恶作剧，把自己家里下蛋的老母鸡，用木棍堵住了鸡屁股。然后那只鸡不能下蛋，不能排便，被活活给憋死了。

奶奶知道后，却没有怪他，说：“好久没有开荤了，晚上就吃鸡肉吧。”最后把那只母鸡炖了一锅汤，一大家子吃得开开心心。

爷爷在临死之前说想看堂妹跳舞，于是叔叔从学校把妹妹接到医院给爷爷跳舞。爷爷咽气之前说：“我感到自己很幸运，有你们这些子女的陪伴，还能看到小孙女跳舞，感到上天很眷顾我。”

很多时候感觉这种会遗传的幸运基因，从爷爷奶奶遗传给父母，父母再遗传给我，我也会尽力遗传给孩子。其实，这个世界上哪里会有幸运基因呢？无非是通过自身的言传身教，教会下一代一种乐观的态度，一种把坏事变好事的能力。

经济学上有一个概念叫沉没成本。沉没成本是指由于过去的决策已经发生了的，而不能由现在或将来的任何决策改变的成本。一个成功的商人，往往不会去追逐沉没成本，而是想办法尽力去挽救现在的困境。我们做人做事何尝不是这样呢？已经造成的损失既然无法避免，难道还要去怨天尤人，伤了他人伤了自己？任何事情都有好坏，我们何不换个角度来对待这个世界？同一件事情，从不同的角度对待，幸运基因相伴一生！

上帝之手

长沙回南昌的路上，走的高速。大雨过后的空气特别清新，远处青翠的山峦也清晰得棱角分明。车子忽然到了一处，速度慢了下来。行车道上面挤满了大货车，超车道一台白色的小轿车慢得像蜗牛。

我在超车道上被白色车挡住了，左右超车都不行。这么慢的速度，到南昌最少要晚一个小时！火急火燎的我不停地按喇叭催促他，可他倒好，还是不疾不慢，优哉游哉。

气得我憋住一口老血，差点喷出来。没辙，再气也不能飞过去，只得跟在他后面。到了下坡的地方，白色轿车更慢了，地面的黄色浑浊积水越来越多，路上开始有泥渍。突然那辆白色轿车打开双闪，到了接近水平面最低的地方时，我猛然一看，原来发生了泥石流！

大雨过后的泥土变得稀松，黄褐色的泥土一下子解崩下来，盖住两条车道，我们前面几台车全部被埋住了，要是我开快一点超车过去了，恐怕要葬身在这泥土之中了！高速公路上，场面一片狼藉，看得我心惊肉跳、嘘唏不已，顿时对那个白色轿车车主充满了敬意，感谢他的救命之恩！

在长沙地产界一直流行一个真实的故事。A 和 B 都是从事房地产的小老板，也都是几百万起家的。后来一次拍卖会上 A 和 B 都拿到了一块地，地理位置和大小都差不多。不到两年时间，A 和 B 都开始预售建设中的期房。由于 A 资源比较多,资金实力比 B 更雄厚，于是 A 的房子一下子售出去了一大半，不几日，很快就要售罄了。可是B的房子一直卖不动,资源和实力也比不上A。后来政策一收紧，买房的人都开始持币观望，闹得 B 更是雪上加霜，坚持不了几日就资金链断裂了。B 还因为一些纠纷惹上了官司，被判刑几年。

A 内心暗自庆幸，沾沾自喜，安慰 B 说:“没事，进去以后好好做人，争取减刑，以后出来了还有机会！”

几年后，B 刑满释放出来了。这时外面的地价已经翻了几倍，他之前的那块地也跟着翻了几倍。于是 B 马上归拢一些资金，把之前的烂尾楼重新建好，并销售出去了。不到一年时间，狂赚了几千万。

A 的楼因为当时销得快，卖的价格低，没有赶上房价上涨的红利，那一次根本没有赚到多少钱。紧接着是一次地产行业内的大洗牌，A 因为资金实力跟不上，一下子被洗了下去，而 B 却凭借那狂赚的几千万一直拼杀到现在，而且越混越好。

人生在世，好像无形之中有一双巨大的上帝之手在默默推着我们走，我们也很难明白上帝的用意所在。这就是生活最大的意义，也是最有趣的地方。当我们身处逆境，感到诸事不顺，爱情、事业、梦想都成为泡影，内心感到绝望时，不妨换个角度来面对生活，告诉自己："上帝的安排自有用意，祸兮福所倚，福兮祸所伏。这一切都是最好的安排。安知未来不会发生意想不到的惊喜呢？"

生活就像一扇门，有人自怨自艾于门内的黑暗，有人怡然自得于门内的宁静；有人忧心于门外的风雨交加，却有人享乐于门外的自由逍遥。也许有一天，你发觉日子过得特别特别艰难，那可能是你将来的某一天，会因为这一天的艰难而收获巨大。其实，快不快乐在于我们用什么态度来面对生活。当我们遇到不如意的事情时，不要懊恼、不要灰心，更不要只看目前。把眼光放远，把人生的视野拓宽。不纠缠于多余的情绪和评判，不妄想，不自我感动，不伤害，不与自己或别人为敌。要永远乐观，永远奋斗，永远热泪盈眶，永远相信天无绝人之路！所以，一切都是上帝的最好安排，敬畏生命，感恩生命中所遭遇的一切。

在最深的谷底，看最美的风景，这是一种超然的人生哲学。

梦回故乡

昨晚梦中忽然失忆，记不得父母和妻儿，记不得自己。只记得要回故乡，看秋天的大雁和蓝蓝的天幕下疯长的狗尾巴草。想来老后，一抔骨灰是要撒到故土的。

我生长在农村，在洞庭湖滨长大。那是湘东北部的一个村庄，一圈黛青色的山峦松落落地攥着黄土高坡，年少无知的时候曾经认为黄土高坡外面就是大人们所谓的青藏高原。县城的边缘裹上一层白河（湘江），缀几丛芦苇荡，显得温情又古朴。看着无边的落木萧萧下，却感觉不到怆然。

祖屋在树林深处，被茂盛的樟树环绕着只能看到一个屋角。进去屋子的泥巴路，一年四季被厚厚的枯叶盖住，进出都踩着树叶吱吱响。厚厚的树叶下面，有蚯蚓拱着洞，有老鼠寻干果，有树根噌

在最深的谷底，看最美的风景，这是一种

超然的人生哲学。

当我们遇到不如意的事情时，不要懊恼、不要灰心，

更不要只看目前。

噌扩展，有竹笋渐渐冒尖。对祖屋最深的印象就是这条落叶路和院中的大樟树。

春天，万物复苏。背着锄头上山挖大嫩笋，挎着篮子采蕨菜或小笋子，成为必不可少的环节。春天有几样野味不容错过，那就是小草莓（长在刺上的野果）、刺嫩芽、杨孭孭（一种细小的酸果）、甜树叶、八角草根。小时候觉得发现一片有许多野味的地方，就算是发现了一片宝藏，关系不铁的哥们儿是绝对不会带着去的。南方有种布谷鸟，到了春天谷雨时分就会啼叫，提醒我们去采摘野味。春天，百花绽放。我们会采摘各种有芬芳气味的香花放到屋子里，采得最多的花是栀子花和娃娃花。暴雨过后是捕捉迎水鱼的最佳时期，随着大量雨水流到池塘或河流，有活跃的鱼儿迎水冲到田野或沟渠。迎水上来的鱼儿是我们竞相捕获的目标，捕捉迎水鱼要有熟练的技术和掌握恰好的时机，吓跑了鱼儿只会空手而归。你永远无法想象，守着一丘迎水鱼的田野，把它们从半米深的水中摸上来是有多么激动人心。鲫鱼喜钻泥，柴鱼会挖洞，泥鱼钻硬孔，游鱼水上漂。

夏天，酷暑难当。水边长大的孩子，游泳的技能在夏天展露无遗。脱光了衣服一头猛地扎进清澈的湖水，狗刨、仰泳、潜水、自由泳，换着花样秀技能。在树杈上晒干短裤，才敢回家。因为大人是不准私自下湖游泳的，回来需要检查短裤是不是湿的。很多美味是需要会水性才能得到的，诸如莲蓬、菱角。不会游泳的小孩，都会被笑话为旱鸭子。夏天捕获圈养的宠物主要为龙虾和螃蟹，凑齐了一餐的数量是要大开荤戒的。由于暑假也是在夏天，所以夏天是孩子们最向往的季节。我曾经在一个暑假晒得脱了好几层皮，最喜欢做的事情就是晒太阳，晒到头皮发麻，晒到脑袋长疥疤，还喜欢晒。夏天的夜晚满天繁星，蛙声一片。一家人睡在竹席上面，母亲用蒲扇追赶着蚊虫，在爸爸的故事中结束仲夏的一天。

秋天，瓜果飘香。躺在草木葳蕤的田野中，看着秋日杲杲，把云朵一会儿烤成一个个荷包蛋，一会儿拉进豆腐磨坊，匀出一排排整齐的豆腐脑。地瓜在秋天早已熟透。烤地瓜是秋天不容错过的美食节目之一，分工明确，哪几个人找引火的干草，哪几个人找木头，哪几个人负责偷个大水分足的地瓜。先把火堆引燃，再加上小树枝，最后放大的木头。大地瓜需要放到火中狂烧，小地瓜埋入剩下的炭火中即可。待烤熟后，按照资历来挑选，孩子王永远是选最大最软最好吃的地瓜，年纪小的跑腿吃小地瓜也心满意足。金黄色的田野，到处都是收割忙碌的景象。勤劳的父辈们把收割完的禾苗用稻草垛，一垛垛码好。这些稻草垛成了我们孩子群做游戏最好的天然道具。记忆中最深刻的一次事件是在洋沙湖的沙滩上捡到一个已经死去的弃婴。包裹着红色的包片，没有人敢打开。我们经过商议后，大家决定一起把这个弃婴给埋了。个子大的小孩捡来锋利的树枝挖洞，年纪小的跑腿捡来五颜六色的贝壳，还有一个小女孩随身带了一个小布娃娃，在我们的劝说下也含泪答应作为弃婴的陪葬品。我们先在洞穴内铺上一层细软的沙子，再放入青翠的软牧草，用树枝带着包片钩入洞穴（没人敢碰包裹），在包裹上面放满亮晶晶的贝壳，还有布娃娃。最后盖上沙子。最外层用泥巴封住，种上了一株野菊花。我们每个人叩拜完之后，天色已晚。回家的路上大家相互默契得没有人说一句话。这是我人生中第一次感受悲从中来的仪式感。

冬天，白雪皑皑。最深的一次白雪，有差不多一米。爸爸拿着长长的竹竿，打掉树上的雪，怕压断了种植的松树。没入白雪中的一团肉肉的身影，让人忍俊不禁想到了北极熊。雪后的树林是追踪野兔的最佳时期。带上自己的土狗，穿上套鞋。循着野兔的脚印，每次都会有意外的收获。冬天的早晨，池塘结上厚厚的冰，从家里拿出绳子和木板，滑冰成了冰冻的世界里最有意义的事情。

童年的趣事恐怕需要几天几夜才能大概讲完，我的童年满足了我对童年的所有幻想。近些年由于洋沙湖湿地公园的建设，别墅区房地产的开发，把我们童年游玩的旧地都铲除干净了，那些回忆只能存在深深的脑海中。我所认可的故乡，以后都只能存在梦中。我循着梦的轨迹，寻觅着回乡之路。梦回故乡时，有着混着青草的泥土香，像小时候走在田埂上时，蹲下来凑近闻到的味道，带着氤氲的湿气，径直飘入清早的屋子里。

那飘着阵阵泥土芳香的土地，永远是我激情的向往，是我的生命之根，是我灵魂的栖所。

故乡遥，何日去？家在紫花，久作赣北旅。

致老顾同志

我妈姓顾，当面称妈，笔端叫老顾。老顾生性强势，性格偏激。打个比喻，有次骑车载她去某地办事，她对于你骑车走到大路哪边，怎么上坡、下坡都要按照她的要求来，不然就滚开让她来骑，可见她有多么强势。姨父喜欢称她为“母老虎”，幸得我爸世界第一等好男人，处处让着她、尊敬她，才保住了我和我弟完整、美好的童年。

老顾想让你知道的事情，会欢欣鼓舞地和你反复说几次。不想让你知道的事情就会石沉深海，一辈子都不得知。2007 年我高考，她和爸爸在广西谋事身体抱恙，得了子宫肌瘤，躺在手术台上，怕我知道影响高考瞒着没有告诉我。后来我高考完要去她那里，上火车前才从外婆口中得知（不知道病情高考也是考得一塌糊涂），托我捎了好多补血的、土鸡等。子女在外，对父母报喜不报忧，其实父母也是一样，报喜不报忧。

读初中学校离家有几公里远，放学时大雨忘记带伞了，很多家长会开车来接自己的子女或者托别人捎伞来，可是老顾不会，从来没有送过一次伞，你淋成落汤鸡回去后，自然会记得带伞了。再说淋一场雨，又死不了。从小到大我没有昵称，她都是直唤其名。什么宝宝啊，小宝啊，听着真叫人难受。6 岁丧母，8 岁就要独自煮饭做菜长大，又怎么会懂得那些母亲独有的温情呢？她坚强、倔强，年轻时男人可以干的事情她也可以干甚至干得比男人还好。从小我心里也是有一股不服输的劲，所以她也是经常心里默默暗许我的行为，算是“惺惺相惜”吧。

我 10 岁，外公去世。老顾千里奔丧回来，望着老父的遗体，怔怔不能说话。对于单亲家庭中父亲陪伴长大的人来说，父亲的离去是“生命中不能承受之痛”的。我至今不能忘记，那时阳光穿过院中的大樟树，照亮屋内两道光柱的灰尘。她对 10 岁的我说：“孩子，妈妈没有爸爸了，妈妈永远失去自己的爸爸了。”她没有哭，有的只是木讷。我只记得我小时候做梦梦见我妈妈不要我了，我就会哭醒。但我从来不知道也体会不到，妈妈没有爸爸了是一种怎样的情感。

天下的父母对自己的子女是没有二心的，会把最好的都留给自己的子女。买鱼回来，先自己把鱼头和内脏吃完，等我们回家就只吃鱼的肉身。但凡在外别人馈送的零食小吃，自己都舍不得吃，悉数拿回给我们吃。熬绿豆粥，买西瓜，管饱管够。不想看到自家小孩看到别家小孩有东西吃馋的样子。有次逛街买糖果，弟弟试吃了一粒，卖家说了句闲话，她马上拉着我们去了别家买。

老顾近些年身体不好，性格和善舒缓了许多。胃病时常发作，我在长沙买房后，她住我这边看病看了一个多月。辗转于湘雅、省人民医院、中医附一医院几次，始终不得见效。忌口很多年，辣的、不容易消化的均不沾，不吃猪油，坚持吃食物油。饮食清淡，盐很少放。

我跟她说，长沙的烟花很好看。她问我有没有广西的好看，我说比广西好看。后来我们打车跑到橘子洲头，坐到湘江边看完了整场烟花。我问:“怎么样？”她说:“嘿，还是没有广西的好看。”看完烟花，人潮拥挤。过马路时，妻子怕车辆不安全挽着她的手，她挽着我的手，我手里抱着年幼的儿子。那时候有一股强烈的暖流从手到脚涌进我的身体，关于传递，关于我、她、妻子。

2011 年老顾声带息肉手术，没有女儿只有儿子。我请假 7 天在医院照料，天天做饭送饭，打水洗澡，扶着去厕所。2013 年胃病发作，被连夜送往人民医院。体检、拍片，照顾数日。2014 年胃病发作，我把 170 斤的她从省人民医院一楼一口气背到五楼。有时候我会因为梦境中的变故半夜惊醒，我怕我做得不够好而遗憾终生。

树欲静而风不止，子欲养而亲不待。父母不愿意缺席自己子女的成长，而我们更应该要陪伴他们的衰老、病痛。每一次离家时对于老人一个深深的拥抱，隔三岔五的电话嘘寒问暖，而这些他们都需要。你养我长大，我陪你变老！

心之所向，素履以往。生如逆旅，一苇以航。珍惜上天的恩赐，照顾好自己，照顾好家人，这是此生最大的福报。

听　　雨

惊蛰过后，老天爷好像特别悲情，雨一直下个不停。今年春季的雨水比往年都要充沛。南昌和长沙的天气预报，几乎都是一片雨讯。雨声潺潺，春意阑珊。对于雨我是从来不抗拒的，甚至有点小小期待。

雨是最古老的音乐，由远而近，由小而大，夹杂着细密的风，怎么听都具有美感。它是最简单的音乐，也是最复杂的音乐。一遍遍地敲打过去，音色暗沉而饱满。一滴滴的雨像是一个个湿漉漉的灵魂，从四面八方赶来，参加一场盛大的流离失所。不同的场景，听出来的雨又不一样。

骤雨睡梦中。听雨入梦是一定需要一间青瓦房和一床柔软的被子的。雨滴拍打在瓦片上，在屋顶的沟壑中汇集成一道道的溪流，然后倾泻到屋檐下。屋檐下的地面，被水柱砸出一个个小水池。睡梦中的骤雨像是播放了一场精彩的电影。时而淅淅沥沥，时而悠远清扬，时而风声大作，时而电闪雷鸣。雨声会盖过锅碗瓢盆的日常、远方的狗吠、脑海中的怨怼，最后不得不专心致志地看着这场电影，电影播着播着，渐渐地，被子、瓦房都会消失，自己像是变成了众多雨滴中的一颗，融入了这场电影中。一场雨下在脑海中，下在睡梦中，然后把睡梦中的人淋湿。

春雨客船上。雨下到湖面上，又有另外一番奇妙的景象。几年前乘坐乌篷船在江南的一个湖泊中心遇到一场大雨。湖面被雨滴分割成一个个颜色深浅不同的扇形，像是一弧弧莲花瓣，有的花瓣可以看见雨滴坠落进去，而有的花瓣却看不到。雨滴打在船顶，噼噼啪啪直响。而小船一直在往前划动，船棹把莲花瓣变成一圈圈的皱纹。等船走后，一圈圈的皱纹又恢复成一弧弧的花瓣。开阔的水面，飘起一层水雾。在转弯的水道浓雾处，小船如同进入了仙境。在湖面如果遇到“过云雨”和“太阳雨”，是非常难得的。一片含雨的云朵飘过来，然后就滴滴答答开始下雨，等云飘走后，雨就马上停了，天空瞬间变得晴朗。船划行的速度和云朵飘走的速度有落差，所以就造成前方下雨和这里没雨的奇观。“太阳雨”也是一种奇观，太阳光很强烈地照射下来，而湖面却下着雨。爷爷告诉我说：太阳雨，涨大暑（水的谐音）。意思是出了太阳雨，这个地方就要涨洪水了。不好的兆头！但是我们小时候不懂这些，只觉得这样的场景美不胜收。东边日出西边雨，道是无晴却有晴！晚上点燃渔灯，爷爷讲起遥远的故事，伴着春雨，在船上入眠。夜色中，鲫鱼在船下散着鱼子，鲤鱼打着旋转涡建新窝，游鱼在船边追着水草嬉戏……春水碧于天，画船听雨眠。春雨、乌篷船、湖面、夜色，这样一幅山水画，陶醉过古今多少文人骚客！

夜雨深山里。何当共剪西窗烛，却话巴山夜雨时。我没有去过巴山，不知道巴蜀的夜雨有多美，却有幸一次流落到深山中听了一晚的夜雨。暮色降临，深山漆黑一片。野猫嚎叫，野猪踩得落叶哗哗作响，持续的虫鸣和偶尔飘来几声远处寒山的钟声，像是巨大的恐怖袭来。只有夜雨的响起，才能把恐怖驱赶到门外，雨声渐渐变大，落寞的心也渐渐温暖起来。夜雨打在树叶的声音，打在石头的声音，风摇摆树枝的声音，溪水流下山涧的声音，像是一种种乐器组成一场热闹的音乐会，有钢琴、小提琴、小号、长笛、大提琴等等，热闹非凡。深山夜雨最适合旧友的促膝长谈，剪着烛光，聊人生，聊理想，聊旧时趣事。夜雨下完，话语一晚也聊完了。天亮后相互道别，各自启程。

烟雨楼台下。说到江南的雨，不得不提江南的烟雨。不管是打着油纸伞在烟雨中结识一位结着愁怨的姑娘，还是嗒嗒的马蹄从江南的烟雨中错过，都是浓得化不开的心绪。走进时光的长廊，烟雨小巷的美景，熏陶着心底绽放出唯美的诗韵。曾在烟雨中对望的人，如今身在哪里？烟雨的迷离，眼眸的黯淡，心里悄悄燃起一抹悲怆的思绪。独立楼台上，在朦胧烟雨中看着像蘑菇般移动的雨伞，伞下可有昔日的恋人？南朝四百八十寺，多少楼台烟雨中！

不知道有没有人像我一样，把每一场雨都当作一场摧心折骨的别离和重逢，在别离和重逢中迷失自己。不知道有没有人如同我这般爱这深沉的雨，爱到内心深处，泪流满面。

敲打着键盘迸出一个个文字，如今外面的雨正下得紧。听雨，其实就是聆听你内心的心雨！

图书在版编目（CIP）数据

你只是假装很努力 / 肖卓著. — 北京 : 中国友谊出版公司, 2016.10（2017.11重印）

ISBN 978-7-5057-3860-7

Ⅰ. ①你… Ⅱ. ①肖… Ⅲ. ①成功心理—通俗读物 Ⅳ. ①B848.4-49

中国版本图书馆CIP数据核字（2016）第228579号

书名	**你只是假装很努力**
作者	肖卓
出版	中国友谊出版公司
发行	中国友谊出版公司
经销	新华书店
印刷	北京市雅迪彩色印刷有限公司
规格	880×1230毫米 32开 9.5印张 180千字
版次	2016年11月第1版
印次	2017年11月第5次印刷
书号	ISBN 978-7-5057-3860-7
定价	39.80元
地址	北京市朝阳区西坝河南里17号楼
邮编	100028
电话	（010）64668676